大学数学文化

单妍炎　范海龙　邴淑琴　主　编

北京理工大学出版社
BEIJING INSTITUTE OF TECHNOLOGY PRESS

内 容 简 介

本书彰显了大学数学在各个领域中的多元价值，并深挖了大学数学文化所承载的教育功能，主要内容包括大学数学简史、东西方数学发展的不同理念、数学证明、数学方法论以及数学基础主义三大流派等。本书从文化与数学的关系出发，对大学数学涉及的主要数学家进行了介绍，还探究了广义相对论的数学基础。在本书的编写过程中，编者不仅关注学生的数学心智与认知架构，还在文化研究中融入数学哲学思想。

本书内容新颖、覆盖面广、起点低，可作为本专科院校数学与应用数学、信息与计算科学专业素质教育的教材，也可供数学教育哲学、数学文化学、数学学习心理学等领域的研究者参考。

图书在版编目（CIP）数据

大学数学文化／单妍炎，范海龙，邝淑琴主编. --
北京：北京理工大学出版社，2022.7
ISBN 978-7-5763-1481-6

Ⅰ. ①大… Ⅱ. ①单… ②范… ③邝… Ⅲ. ①高等数
学-高等学校-教学参考资料 Ⅳ. ①O13

中国版本图书馆 CIP 数据核字（2022）第 122011 号

出版发行／北京理工大学出版社有限责任公司

社　　址／北京市海淀区中关村南大街5号

邮　　编／100081

电　　话／（010）68914775（总编室）
　　　　　（010）82562903（教材售后服务热线）
　　　　　（010）68944723（其他图书服务热线）

网　　址／http：//www.bitpress.com.cn

经　　销／全国各地新华书店

印　　刷／唐山富达印务有限公司

开　　本／787毫米×1092毫米　1/16

印　　张／10.25　　　　　　　　　　　　　　责任编辑／封　雪

字　　数／241千字　　　　　　　　　　　　　文案编辑／毛慧佳

版　　次／2022年7月第1版　2022年7月第1次印刷　　责任校对／刘亚男

定　　价／68.00元　　　　　　　　　　　　　责任印制／李志强

序

作为一门跨学科研究领域，数学文化的发展势头迅猛。20多年来，数学文化研究在国内外数学哲学界、数学教育界受到广泛关注。数学文化研究不仅要探讨数学的哲学本质和科学内涵，还要揭示数学的人文、社会、艺术、教育和历史特征。

国内目前关于数学文化类的教材较多，但针对大学生的数学文化类教材较少。本书主要涵盖了非标准分析、数学证明、运筹学、博弈论、新数学运动、数学直觉及数学基础主义三大流派等议题，立足于东西方数学发展的不同特征，从文化与数学的关系出发，剖析了无穷小概念发展的历史脉络；在介绍大学数学中涉及的主要数学家的同时，还探究了广义相对论的数学基础。

总体来看，本书与其他数学文化类教材相比有以下特色。

（1）介绍了数学哲学思想在大学数学文化研究中的运用。本书依据不同的主题，持续地把数学哲学的研究成果运用于文化讨论中，初步形成了数学与科学、艺术、历史、社会及方法论等层面的研究框架。

（2）分析了大学阶段主要数学分支的发展简史，探讨了大学数学历史发展的社会和文化渊源。在大学数学各个领域的历史发展脉络中，编者试图考察与诠释数学发展的规律。

（3）本书主要聚焦于大学数学的各个领域，不断凸显其理性价值、进步价值、应用价值和伦理规范，并倡导在教育过程中实现多元文化关怀的价值。

编者长期关注和研究数学文化的学科建设及数学课堂文化的教学实践，如此安排论述逻辑和书写结构，透露出其对在校大学生数学素养与文化素养的关注。本书力争让读者在"文化视野中的数学哲学"与"数学文化教育的哲学反思"两方面中得到一些启发。

黄秦安　教授
陕西师范大学　博士生导师
2022.4.6 于西安

自 序 ↘

　　随着信息化时代的发展与社会的进步，在校大学生具有较高的数学素养与文化素养已成为时代的必然。素养的概念强调学习者能够活用所学的知识、技能、态度与价值，同时也能够不断地反思自己的学习历程。一个人若要提高自身素养，需要从观念、知识、能力、思维、方法、态度、精神及价值取向等多方面接受适当的教育。

　　编者从"文化中的数学"和"数学中的文化"两个方面入手，深挖大学数学文化所承载的教育功能，这些工作和努力与"三全育人"大思政格局下对高校学科思政建设的要求契合。除了在整个科学体系中具有科学典范地位外，数学还具有超越科学范畴的本体论意义和认识论价值。只有积极做好学生的思想引领、价值引领，推进立德树人融入大学数学教育，才能提质增效构建出"三全育人"新体系。

　　课堂是落实文化的真实场景，是学校为文化学习与传播提供的重要场所。当人们把焦点放在知识、信念和态度上的时候，意味着要全面分析课堂上的文化与行为直至最深层的价值。从文化的角度注入知识的意义，在教育过程中才能实践多元文化关怀的价值。学生要积极开展对于大学数学文化思想、大学数学文化史、高等数学方法论、信息化时代数学文化素材的深度挖掘、新型数学文化课程的建构等方面的研究，成为实践"三全育人"视角下的案例教学的重要方面。

　　康德尔在《教育的新时代：比较研究》中指出："比较教育应当为教育哲学提供思想资源。"这实际上是要求比较教育在对不同国家教育的比较中寻找教育的一般规律，为教育发展指出原则性方向。东西方数学发展的理念与策略的不同，离不开其文化背景。中国古代数学强调实用性，在算法上得到了长足的发展。而在西方近代科技史中，数学与逻辑是用来表现科学理论结构的。在认识到东西方数学文化差异与数学发展不同特征的基础上，关于如何建立并发展我国的数学，不断增强文化自信的问题，特别值得大家进一步思考。

编　者

2022.4.7 于呼和浩特

前 言

　　一个人若要提高数学素养，需要从数学观念、知识、能力、思维、方法、态度、精神及价值取向等多方面接受适当的数学文化教育。数学是人类对客观现实世界进行高层次抽象的一种创造性活动。数学化后的科技会给人类带来便利，但是科技的本质消弭了数学的抽象特性。充满想象力与推理的学科变成了一种理性工具，唯物论的推波助澜最终导致人文精神的下降。大部分的高校教师甚至认为，只有抽象性数学语言才能揭示概念间的逻辑关系。他们只重视知识的传递，却忽略了对学生进行价值引导。在教育3.0模式到来之际，如何契合学科思政要求，促使学生真正体认到数学的文化价值、理性价值、进步价值、应用价值及伦理规范是亟待解决的问题。

　　语言是思维、学习与表达的媒介。人们常说数学抽象，其实自然语言也是抽象的。数学本身也是一种语言，与自然语言一样，数学是一切学科的基础。数学就在我们的日常生活中，其不仅在自然科学和工程技术等领域有强有力的应用，也与其他学科交融并形成统一的整体。伴随着科学技术的进步，数学不断地拓展自身的研究领域。数学文化是人们沟通、组织和了解世界的工具。作为一种独特的文化形式，数学表现出应用性和抽象逻辑性的双重特征。数学文化成为数学观念、思维、心理、人文、事件与数学交流相结合的有机体。大学数学文化是一种普遍的文化，是预先设定好的教学过程框架。大学数学文化强调数学学科的文化性质，而数学课堂文化则力图凸显课堂的文化本色。大学数学文化的理性、开放性和进步性是构建数学课堂文化的重要保障。

　　课堂文化的转型和重建是课堂教学改革的核心与目标。大学数学学习特别强调新的思维方式的形成。数学类专业课不能只强调模型在社会实践中的使用，而忽略了数学活动的集体属性以及所处的课堂文化环境。从"文化中的数学"和"数学中的文化"两个方面入手，可以在历史文化脉络中让学生拓宽视野、培养全方位认知能力与思考弹性。只有积极做好学生的思想引领、价值引领，推进立德树人融入大学数学教育，才能提质增效构建出"三全育人"新体系。只有不断挖掘大学数学文化所承载的教育功能，才能推进以课程思政为重点的课堂教学内容改革。

　　本书是编者在教学过程中根据自编讲义和相关教育教研成果整理而成的。编者力图反映大学数学文化领域的前沿性、内容的丰富性和应用的广泛性。本书属于内蒙古自治区教育科学十四五规划课题（NGJGH2021081）的阶段性成果。本书的出版获得了内蒙古工业大学高等教育教学改革项目（2022239）、内蒙古工业大学科学研究博士基金（BS2020028）和内蒙古工业大学科学研究项目（ZY202107）的部分资助。本书从组织编写到教学实践的应用，均得到了内蒙古工业大学理学院庞晶教授、闫在在教授以及数学系银山教授的大力支持，谨此致谢！

　　本书可作为数学系本科生文化类课程的教材，也可用作理工科院校本科生通识教育的教材或参考书。在本书的编写过程中，编者参阅了很多经典著作和前沿性文章，深受教益，在此谨向有关作者致谢。由于编者水平有限，书中难免存在疏漏之处，恳请广大读者批评指正。

编　者

2022 年 3 月

目 录

第 1 章 | 文化里遇见大学数学

　　关于数学是文化的观点，我国学者很早就有相关论述。例如，1933 年，马遵廷先生指出："文化和数学互为函数"。1952 年，著名数学家陈建功指出："数学教育是在经济的、社会的、政治制约下的一种文化形态，自然具有历史性。"20 世纪 60 年代，著名哲学家殷海光认为欧几里得几何学与纯粹数学都是文化。1994 年，徐利治先生曾说过："数学教育本应具有文化教育功能（培养人的优秀文化素质的功能）与技能教育功能。""数学具有文化功能，这却是人们容易忽视的。学习数学不仅能够掌握数学知识和计算方法，而且能够培养严谨的逻辑思维能力和机智的创造性的思维能力，能够养成冷静、客观、公正的思维习惯，实事求是、有条不紊地处理问题。数学教育的目的正是在于培养全面领会数学功能的人才，既会应用数学解决实际问题，又能掌握数学的精神、思想和方法。偏重数学的实用功能而忽视其文化功能，是数学教育中狭隘和短视的表现。"2005 年，李大潜院士也指出："数学是一种先进的文化，是人类文明的重要基础。它的产生和发展在人类文明进程中起着重要的推动作用，占有举足轻重的地位。"黄秦安教授认为："数学的文化透视是数学观的一次重大的范式革命。它从文明进步、社会发展和人类文化的高度及视角对数学的观念、价值、作用进行全方位和系统的诠释。数学文化研究不仅要探讨数学的哲学本质和科学内涵，还要揭示数学的人文、社会、艺术、教育学和历史学特征。"20 世纪 80 年代以来，数学文化研究成为我国数学哲学、数学史和数学教育现代研究的聚焦点。

　　作为人类语言的一种高级形态，当代数学语言成为科学语言和世界语言的典范。数学是人类天赋本能的延伸。简单的数学语言，宛如另一种母语一般，融入人们生活的诸多方面。数学语言的统一性成为数学文化统一性的标志。精练的数学语句，是人类理性对话最精确的语言。数学语言作为科学交流的语言逐渐演变成一种世界语言。从科学发展史来看，数学是理性与自然界对话时最自然的语言。近代科学之父伽利略说："数学是了解大自然的语言。"数学这种世界性语言，在不同历史文化中呈现出多元的面貌。当数学与文化相碰撞时，二者是如何相互影响和渗透的？美国著名数学家、数学教育家、数学史家莫里斯·克莱因的著作《西方文化中的数学》从一个角度表明了数学作为一种"子文化"与整个人类文化的关系。1980 年，美国著名数学家、数学文化领域巨匠怀尔德在《作为文化体系的数学》中提出了数学发展的 23 条规律。怀尔德明确提出数学文化的概念，认为数学文化是由数学传统及数学知识组成的。所谓的遗传力量是指由已有的数学文化所形成的力量。环境力量则是由整个文化环境所形成的力量。从两河流域的巴比伦泥板到古埃及纸草算术书，从古希腊欧几里得《几何原本》到中国古代的《九章算术》，数学不停地奔腾向前。在历史文化脉络中，数学最初虽然只是整个人类文化的一部分，但随着与整个人类文明的共同发展，数学获得了特殊的发展动力，表现出了相对的独立性。

1.1 数学文化与人类文化

"文化"一词最早来自《易经·贲卦·象传》："刚柔交错，天文也；文明以止，人文也。观乎天文，以察时变，观乎人文，以化成天下。"著名易学家徐志锐对此诠释道："观视天文日月刚柔交错的现象，就能察知四季寒暑相代谢这种本质性的规律。观视人的文明礼仪各止其分的现象，就可以教化天下使人人能具备高尚的道德品质。""人文化成"被缩略为"文化"后，仍具有教化的意味。

"文明"源于《周易》，多为火象，并由火引申物质文化、典章制度等意涵。人类的文明出自对自然的模仿、深思和进一步创造。《易经·贲卦·象传》中提及的"化成"就是一种政教力量的潜移默化。在英语中，文明（civilization）一词源于拉丁文 civis，意思是城市的居民，其本义为人民和睦地生活在城市和社会集团中的能力，后引申为一种先进的社会和文化发展状态，以及到达这一状态的过程。文化和文明都涉及生活方式，文明是放大了的文化。

从辞源学方面来看，英语中的"文化"（culture）来源于拉丁文 cultura，其意为耕作、培养、教育和发展出来的事物。与 culture 同词根的 cultivate 意为耕种、培养、修养和教养，而 agriculture 则意为农业、农学，而且还含有人工培育的意思。凡是人们有意识培育、改造或者影响的事物，都具有文化的内涵。是否凝聚了人类的知识、意识与生活经验，是区别文化特质与自然事物的关键。

数学文化是人类文化的有机组成成分，不同于艺术、技术一类的文化，它属于科学的文化。数学文化是人类文明发展的主要力量，而人类文化的发展也极大地影响了数学文化的发展方向。数学文化的内容、方法和语言是现代文化的重要部分。数学文化这一概念概括包容了与数学有关的人类活动的各个方面。研究数学文化不仅可以进一步揭示数学的内在科学结构，而且可以描绘整个社会数学化的趋势，还能深刻反映数学的文化特征和人性化色彩。数学文化作为一种普遍的文化，是预先设定了的教学过程框架。数学文化强调数学学科的文化性质，它与课堂文化之间的张力使课堂文化成为一种特殊的、需要被构建与创造的文化。

1.2 数学的文化价值

数学不但具有科学价值，而且具有文化价值。数学的文化价值主要涉及数学的思想方法和精神，而并非具体的数学知识。数学对于提高人们解决问题的能力有重要意义；数学的精神对于人们的智力发展有重要意义。正如图1-1所示的莫里斯·克莱因（Morris Kline，1908—1992）所说过的："在最广泛的意义上说，数学是一种精神，一种理性的精神。正是这种精神，使人类的思维得以运用到最完善的程度。亦正是这种精神，试图决定性地影响人类的物质、道德和社会生活；试图回答有关人类自身存在提出的问题；努力去理解和控制自然；尽力去探求和确立已经获得知识的最深刻的和最完美的内涵。"

图1-1　莫里斯·克莱因

伯特兰·罗素曾说过："正确地说，数学不仅包含着真相，还有一种超乎寻常的美。"数学文化价值的一个重要方面就是其美学价值。数学本身具有美的特质，蕴含在概念、方法、思维和内容上，数学的美体现在简单性、和谐性、对称性以及奇异性等方面。美的事物吸引观赏者的注视、好奇，引发人们去主动探索。程民治先生从物理学的角度看数学的简单性、和谐性和奇异性，揭示了数学美源于自然美和物理美。认定追求理论体系的数学美，是物理科学美最重要的表现形式，是物理学发展的主要动力之一。伟大的奥地利物理学家图1-2所示的路德维希·玻尔兹曼（Ludwig Edward Boltzmann，1844—1906）使用了美妙的数学，也创造了美妙的数学。玻尔兹曼用数学来研究物理，得出了物理学上深刻而重要的结论。玻尔兹曼创造出一种数学语言——相空间。他运用数学的美来求得物理的真。苏联哲学家柯普宁曾说过："人在感受到物质的或人的精神活动产物时，都会产生美好的、精致的、完善的感受。数学家导出方程式和公式，如同看到雕像、美丽的风景，听到优美的曲调一样的满足。"数学家丘成桐也曾说过："数学是一门很有意义、很美丽，同时也很重要的科学。从实用角度讲，数学遍及物理、工程、生物、化学和经济，甚至与社会科学也有密切关系。文学的最高境界是美的境界，而数学也具有诗歌和散文的内在气质，达到一定的境界后，也能体会和享受到数学之美。"事实上，数学具有真、善、美三个层次的表现力，而无穷恰是数学美的精华。哈代说过："美是首要的试金石，丑陋的数学不可能永存。"数学的真是数学的真理属性，全部的数学知识都是以数学的真理性为依归。数学的善是衡量数学功用价值的重要尺度。数学的美则是数学艺术价值的体现。数学中的真、善、美构成了其表现力的主要侧面，三者的综合是人们全面审视并欣赏数学的基本起点。

图1-2　路德维希·玻尔兹曼

1.3　大学数学文化的特征

大学数学的本质特征有抽象性、应用性与问题导向性。它强调的是从具象中抽离出结构，培育大学生省思事物根本结构的能力。大学生的心智趋于成熟，学习能力也逐渐增强，他们是数学文化潜在的传播者。在大学数学课程中恰当融入数学文化、数学建模思想、前沿数学知识与各科相关理论，能够激发学生学习兴趣，鼓励学生理性思考与质疑、主动发现和创新。大学数学文化的特征体现在以下两个方面。

（1）大学数学文化涉及大学生学过或将要遇到的数学知识，极具挑战性。从学科角度来看，大学数学包括数与数系、解析几何、线性代数、微积分、概率论与数理统计、离散数学、数学物理方程和相对论等。对大学生而言，"数学里的文化"和"文化里的数学"在兼具稳定性和发展性的同时，又极具激励性和挑战性。

（2）大学数学文化涉及高等数学思维，要求大学生对形式化语言背后的语境展开深度探究。英国数学教育家 David Tall 在"数学的三个世界"理论中阐明了高等数学思维需要以形式化的语言进行高阶数学思考。形式化数学概念通过定义和性质经形式化证明演绎而来，它来自主体不断对形式化性质为主的活动进行的反思。形式化数学概念在较长一段酝酿期内是以具象阶段和符号阶段的性质与关系为基础的。

拓展性习题

1. 简述数学文化研究的缘起。
2. 试述数学文化的本质与功能。
3. 什么是"数学教育社会学"？

第 2 章 | 大学数学简史

2.1 高等数学

高等数学课程主要涵盖一元和多元函数的微积分、微分方程、无穷级数、空间解析几何和向量代数等部分。它是工科院校各专业的基础必修课。通过对高等数学课程的学习，学生能够系统地理解数学的基本概念和基本理论，掌握数学的基本方法，并逐步培养出抽象思维能力、逻辑推理能力、空间想象能力、运算能力，以及综合运用所学知识分析问题和解决问题的能力。

2.1.1 微积分的创立

1949 年，R·柯朗（Richard Courant，1888—1972）在《微积分概念发展史》一书的前言中写道："微积分学或者数学分析，是人类思维的伟大成果之一。""这门学科乃是一种憾人心灵的智力、奋斗的结晶；这种奋斗已经经历了两千五百多年之久，它深深扎根于人类活动的许多领域之中。"两千多年来，许多的数学家发明各种解决"无穷"的方案，但都是以个案解决特殊问题。直到 1670 年左右，牛顿和莱布尼茨才找到普遍的方法——微分法。微分的正算可以解决求切线问题、极值问题、速度问题与变化率问题等。微积分可以计算几何物体的体积以及行星的运动量。比如印度数学家和天文学家早就知道通过 $\lambda > 0$ 的微分来计算校正行星角度的微小变化了。美国著名数学史学家莫里斯·克莱因（Morris Kline，1908—1992）在《西方文化中的数学》中曾说过："一个人拥有牛顿处于顶峰时期所掌握的知识，在今天不会被认为是一位数学家。因为数学是从微积分开始，而不是以此为结束。"

17 世纪上半叶是微积分酝酿产生的半个世纪，在这个时期，自然科学的各个领域都发生了各自的重大事件。图 2-1 所示的意大利物理学家、数学家与天文学家伽利略·伽利雷（Galileo Galilei，1564—1642）制造了第一架天文望远镜。伽利略提倡用数学来研究自然，他说："伟大的自然之书永远打开在我们眼前，真正的哲学就写在上面。但是我们读不懂它，除非我们先学会它所使用的语言和图形。它是用数学语言写成的，所用的图形则是三角形、圆和其他的几何图形。""我真正开始了解到，虽然逻辑是推理的最好工具，但是从唤醒心灵、产生创造与发现的角度来看，它却比不上几何学的敏锐。"伽利略修正了亚里士多德在物理学方面的错误，用实验证明受到引力的物体并不是呈匀速运动，而是呈加速运动；物体只要不受到外力的作用，就会保持其原来的静止状态或匀速直线运动状态不变。伽利略年少时因为觉得教堂的崇拜仪式十分乏味，转而注视教堂吊灯的运动，他发现：单摆完成一次摆动与其振幅无关。单摆的运动方程式是牛顿第二运动定律的推论。伽利略的工作，为牛顿的力学三大运动定律、万有引力定律与微积分铺路。图 2-2 所示的德国天文学家、数学家与占星家约翰尼斯·开普勒（Johannes Kepler，1571—1630）经过对行星运动的长期观察，得到了行星运动三大定律，其主要结论如下：

（1）行星运动的轨道是椭圆，太阳位于该椭圆的一个焦点。

（2）由太阳到行星的矢径在相等的时间内扫过的面积相等。

（3）行星绕太阳公转周期的平方，与其椭圆轨道的半长轴的三次方成正比。

开普勒划时代的贡献就是对行星轨道的真正理解。他把研究对象分割成微小的组成部分，然后再加起来，表现了原子论的精神与方法。在力学方面，伽利略建立了自由落体定律等定律，这些定律为动力学奠定了基础，但都有待"通过数学上的说明和论证"。自文艺复兴以来，自然科学蓬勃发展，到 17 世纪开始进入综合突破阶段。这些发现所面临的数学困难，汇总成四个核心问题，最终导致了微积分的产生，具体如下：

（1）运动中速度、加速度与距离之间的互求问题，特别是非匀速运动时瞬时变化率的研究成为必要。

（2）曲线求切线的问题，如确定透镜曲面上任意一点的法线等。

（3）由确定炮弹的最大射程以及行星轨道近日点与远日点等问题提出的函数极值问题。

（4）千百年来，人们一直研究的如何计算长度、面积、体积与重心等问题。

图 2-1　伽利略·伽利雷　　　　图 2-2　约翰尼斯·开普勒

微积分基本定理的建立标志着微积分的诞生。图 2-3 所示的英国著名的物理学家、百科全书式的"全才"、震古烁今的科学巨人艾萨克·牛顿（Isaac Newton，1643—1727）与图 2-4 所示的德国哲学家和数学家戈特弗里德·莱布尼茨（Gottfried Leibniz，1646—1716）共同创立了微积分。在数学上，牛顿与莱布尼茨共享微积分发明的荣耀，他证明了广义二项式定理，提出了"牛顿法"以趋近函数的零点，并为幂级数的研究做出了贡献。从古希腊时代到牛顿和莱布尼茨之前，微积分已经发展到一定的程度，但是到底还需要什么样的条件才能使它真正诞生呢？答案是：看出微分与积分的互逆关系，并且认识它的重要性。后来，法国数学家阿达玛深刻地说道："发现一个事实是一件事情，认识它的重要性却是另一件事情，不论是研究者个人或者科学社群，这可能是很不同的两件事。"微分与积分的关系通过微积分基本定理展现，这正是牛顿与莱布尼茨对微积分最重要的贡献。透过微积分基本定理，人类认识到微分与积分是一体两面的互逆关系。

图 2-3　艾萨克·牛顿　　　　　　　图 2-4　戈特弗里德·莱布尼茨

在微积分的历史上，第一位发现并证明微分与积分互逆性的人，是英国著名数学家艾萨克·巴罗（Isaac Barrow，1630—1677）。巴罗是牛顿的老师，他最先发现了牛顿的才能。巴罗博才多学，是当时顶尖的科学家和数学家。他看到牛顿在自然科学方面的潜力并倾囊相授，把牛顿引入近代自然科学的研究领域。1669 年，他辞去卢卡斯教授职位并举荐牛顿继任。26 岁的牛顿晋升为数学教授。巴罗最重要的科学著作是《光学讲义》与《几何学讲义》。《几何学讲义》是 17 世纪 60 年代巴罗在剑桥大学上课时用的讲义，牛顿在1664—1665 年可能听过此课。他后来回忆道："巴罗博士当时讲授关于运动学的课程，也许正是这些课程促使我去研究这方面的问题。"讲义中包含了巴罗对无穷小分析的卓越贡献，特别是其中"通过计算求切线的方法"，和现在的求导数过程已十分相近。无穷小概念是研究函数的重要工具，而无穷小分析是数学中专门研究函数的领域，也叫作数学分析。巴罗把费马的求切线方法进行了进一步的推广，并且认识到了微分与积分的互逆性。但过于执着的几何思维妨碍他进一步接近微积分基本定理，微积分的最终确立最终由牛顿完成。

1664 年，牛顿开始了对微积分的研究，他钻研伽利略与开普勒，特别是笛卡儿的著作。1665—1666 年，牛顿主导了棱镜和彗星的实验，发展了颜色和重力的理论，建立了二项式、不定积分、切线和基础微积分等数学理论。1665 年，牛顿获得了学士学位，但剑桥大学却因伦敦大瘟疫而关闭了。在此后两年里，牛顿在家中继续研究微积分学、光学和万有引力定律。这段时期是牛顿一生创造力的黄金时期。1665 年 5 月，牛顿发明"正流数术"（微分法）；1666 年 5 月发明"反流数术"（积分法）；1666 年 10 月，牛顿将此整理成文，命名为流数简论（Tract on Fluxions）。此文虽未发表，却是历史上第一篇系统的微积分文献。他以动力学为背景，以速度形式引进"流数"（即微商）。牛顿考虑一个质点在直线上做运动，把它的路径表示为 $x = x(t)$，其中 $x(t)$ 表示 t 时刻质点的位置。他把 x 想象成流动的数，简称为流数。用 $\dot{x} = \dot{x}(t)$ 表示质点的运动速度，称为流率。这样，牛顿的流数法就包含了两个基本问题：微分问题——给流数 x 求流率 $\dot{x}$，以及积分问题——给流率 $\dot{x}$ 求流数 x。牛顿在文章中进一步阐述了微积分基本定理。他曾强调说："在数学中，例子比规则有用"。费曼也曾说过："在作数学证明的时候，心中要有个了如指掌的例子，然后用这个例子去检验证明上出现的每个公式。"牛顿晚年回忆年轻时代这段奇迹般的岁月时说道："那段日子是我一生中创造力的巅峰期，也是我对数学与哲学最为用心思考的时光。"在《流数简论》中，牛顿应用建立起来的统一算法，求曲线的切线、曲率、拐点、长度，求面积，求引力与引力中心等 16 类问题，显示了这种算法的普遍性、系统性等优点。后来，微积分的诞生也让数学再次出现危机，在基础层面引发出矛盾。

亚里士多德说过："对运动现象无知，就是对大自然无知。""惊奇感使人们开始研究哲学，这在远古时代就像在今天一样。他们的惊奇，首先被一些眼前的小事所激发，但他们持续不断地前行，继续怀疑较少带有世俗之物，如月亮、太阳、星星的变化，宇宙的起源。这一惊异的结果是什么？一种令人敬畏的无知感，人们开始进行哲学思考以摆脱无知。"1687 年，牛顿的《自然哲学的数学原理》出版，赋予力学理论正确的数学结构。在第一卷中，牛顿通过运动学与微积分，将开普勒三大定律与万有引力定律相结合。借由运动定律可推知物体受力后状态的改变，而为了描述物体运动的位置、速度与加速度等物理量，有必要定义时间与空间的坐标系。数学这种高度复杂的符号语言，具有表达数量、空间、时间、形状、距离和次序关系的功能。在微积分的初创时期，自由落体运动的成功研究是支持微积分学的重要实例。牛顿认为，宇宙是静态的，物理系统可以用固定的坐标来描述，还认为时间与空间是绝对的，并且不会相互干涉。绝对时间是数学上的时间，其流逝是均匀的，不随物体的运动状态有所改变。绝对空间的本质与外物无关，是永久保持相同且不可移动的。在《自然哲学的数学原理》中，牛顿运动三大定律得到了清晰的阐述，加速度与平方反比定律也联系到了一起。牛顿还结合微分与积分，根据平方反比定律计算行星运动，他成功地解释了行星运动定律。牛顿说："如果我看得比笛卡儿还要深远，那是因为我站在许多巨人的肩膀上。"后来，牛顿又花了 20 多年的时间来完善他的各种理论。

现代科学哲学家托马斯·库恩（Thomas Kuhn，1922—1996）认为，每一位科学家都在其既有的科学范式下工作。在某种范式的指导下，科学家不断地积累知识，由此形成了常规科学。范式内涵的不断开拓为新的突破奠定基础，是研究科学中的常态。虽然可能出现反常现象，但此时的范式是学科成熟的标志，是大家共同遵守的理论体系、真理标准和科学伦理。范式的载体是科学共同体，新旧范式之间不可以通约，科学革命的实质就是范式转换。亚里士多德的旧物理就是一种范式，延续了约 2 000 年。文艺复兴之后，哥白尼与伽利略提出质疑来打破旧范式。伽利略在探索自由落体运动的过程中，将亚里士多德的有机目的观转换成机械力学观。虽然伽利略发现了惯性定律，但是若没有微积分的基础，他无法进一步推广出 $F = ma$ 的运动定律。直到牛顿提出新物理完成 17 世纪的学科革命，建立起新的学科范式。后来，爱因斯坦说道："对于牛顿而言，大自然是一本打开的书，他轻而易举就读懂。"

1646 年，欧洲大陆的自然哲学代表人物莱布尼茨出生在法国的一个教授家庭。1672—1676 年，在巴黎工作期间，莱布尼茨完成了微积分的创立。1672 年春，莱布尼茨抵达巴黎，他的第一个数学成就就是发现可以用求差的方法来计算求和。1673 年，受到帕斯卡的启发，莱布尼茨提出特征三角形。所谓特征三角形是：对曲线上的一点 p，取在曲线上相邻的点 q，则曲线上的短弧 pq 长度为 ds。ds 在横轴上投影的长度为 dx，在纵轴上投影的长度为 dy，ds、dx、dy 组成特征三角形。莱布尼茨对特征三角形进行研究时认识到：求曲线的切线依赖于纵坐标的差值与横坐标的差值变成无穷小时之比，而求曲线下的面积则依赖于无穷小区间上的纵坐标之和。与此同时，他也并认识到这两类问题的互逆关系。

与牛顿由运动学切入流数论不同，莱布尼茨从几何问题出发，把点的长度诠释为无穷小 dx，透过优秀的积分记号与演算成功解决了欧几里得的难题：$\int_a^b dx = x \big|_a^b = b - a$。法国数学家拉普拉斯就曾说过："数学的求知活动有一半是记号的战争"。适当地创造与使用记号是掌握与学习数学的要领。莱布尼茨创造的优秀记号有效掌握了由有限飞跃到无限的思想。从 1676 年开始，牛顿和莱布尼茨开始有密切的书信往来。牛顿由运动现象入手，而莱布尼茨由离散的差和分切入，殊途同归地创立了微积分。二人的微分法克服了无穷，逐步揭开了求积问题与运动变化的面纱。牛顿说："大自然崇尚简洁。微分法这种普遍、简洁的方法是微积分的伟大胜利。"有了莱布尼茨优秀的记号，再加上微积分基本定理，求积分的问题迎刃而解。点、线和面不是积分的对象，无穷小才是积分的对象。微积分给予了点、线和面最佳的诠释。把点的长度诠释为无穷小，并用记号 dx 来表征，然后将点的长度累积起来得到线段长度 $\int_a^b dx = b - a$。把线段的面积用无穷小 $f(x)dx$ 来表征，然后作连续的累积（即积分），得到面积 $\int_a^b f(x)dx$。假设立体的截面面积为 $A(x)$，把它诠释为具有无穷小的体积 $A(x)dx$，然后作连续累积（即积分），得到立体的体积 $\int_a^b A(x)dx$。

莱布尼茨提出了单子论，他认为单子是构成宇宙的至微单位。单子反映着大千世界，这恰恰是微积分中无穷小概念的类推与抽象。1674 年，著名的莱布尼茨级数 $1 - \dfrac{1}{3} + \dfrac{1}{5} - \dfrac{1}{7} + \cdots + (-1)^{k+1}\dfrac{1}{2k-1} + \cdots = \dfrac{\pi}{4}$ 被构造出来。当莱布尼茨第一次把这个结果拿给惠更斯看时，惠更斯称赞道："这个级数将永远留存在数学家们的脑海里，这是第一个将圆的面积表示为有理数所形成的级数。"莱布尼茨也曾批评过牛顿的"绝对空间说"，他认为空间是用来说明物体的相对位置的。如果宇宙中没有任何物质，空间也不具有任何意义，可到最后莱布尼茨还是不敌牛顿力学的权威。直到 19 世纪，图 2-5 所示的奥地利物理学家、哲学家与心理学家恩斯特·马赫（Ernst Mach，1838—1916）再次对牛顿的"绝对空间说"提出挑战。马赫认为，物体的运动是相对于宇宙中其他物质而言的，并非相对于绝对空间，水桶周围的水之所以会比较高，是因为水相对于宇宙中所有物质在旋转，或者说所有天体都在围绕着静止的水旋转，天体的旋转会对水施加一个影响，而这就是离心力的来源，所以物体所受惯性力是相对于宇宙中所有物质的加速或转动。

图 2-5　恩斯特·马赫

　　1699 年，瑞士数学家尼古拉斯·法蒂奥·德·杜伊利埃（Nicholas Fatio de Duilier，1664—1753）提出"牛顿是微积分的第一发明人，莱布尼茨是微积分的第二发明人"的说法。这个说法遭到莱布尼茨的强烈反驳，争论一直到牛顿与莱布尼茨去世后才逐渐平息。经过调查，特别是对莱布尼茨手稿的分析证实，二人的确是相互独立完成微积分的发明。牛顿当时也否认不可分量的存在，然而，他与莱布尼茨却都是因为使用"无穷小量"这个无法据以进行严密逻辑论证的概念，才得以发明微积分的。数学史家和数学教育家维克多·卡兹（Victor J. Katz）说："牛顿和莱布尼茨被认为是微积分的发明人，而不是费马、巴罗或其他人，原因是他们完成了四项任务。他们都提出了同微积分两个基本问题相关联的基本概念——对牛顿是流数和流量，对莱布尼茨是微分和积分，两个基本问题是极值和面积。他们都发展了使人们能方便地使用这些概念的符号和算法。他们理解并运用了他们两个基本概念的逆关系。最后，他们使用这两个概念解决了许多从前不能解决的困难的问题。但他们两人都没有做到的是利用古希腊几何的严密性，为他们的方法奠定逻辑基础，因为他们都使用了无穷小量。"

　　希尔伯特曾说："微积分是无穷的交响乐。"可以想象：无穷是指挥家，极限是钢琴师，无穷小是首席演奏家，0、1、e、π、$\sqrt{2}$、$\dfrac{1+\sqrt{5}}{2}$…都是乐队的成员。它们协同合作，演奏着无穷的交响乐。牛顿在一些典型的推导过程中，先是用无穷小量作分母进行除法运算，然后把无穷小量看作零，消掉那些包含它的项，从而得到想要的公式。尽管这些公式在力学和几何学领域的应用被证明是正确的，但其数学推导过程却在逻辑上自相矛盾。与此同时，就发明时间而言牛顿早于莱布尼茨，就论文发表时间莱布尼茨早于牛顿。1684年，莱布尼茨首次发表了对微积分的研究成果，而牛顿则比他晚了 20 年才发表。这场争论给整个 18 世纪的英国与欧洲大陆国家在数学发展上的分道扬镳造成了严重影响。

2.1.2　笛卡儿与解析几何

　　如果存在一条第三线段，能同时量尽两条线段，就称这两条线段是可通约的，否则就称它们是不可通约的。古希腊伟大的数学家欧多克斯（Eudoxus，公元前408—公元前355）通过在几何学中引进不可通约量的概念，部分地将第一次数学危机化解。例如正方形的边与对角线，就不存在量尽它们的第三线段，因此它们是不可通约的。欧多克斯描述的所有量都只是"量"而不是"数"，这个对象可以是有理数，可以是无理数。欧多克斯的证明中未提及"无理数"的概念，这是能让毕达哥拉斯学派接受的说法。他提出的新颖的比例理论成功地解决了毕达哥拉斯学派的疑惑，让希腊人更多地去思考之前对于数学的理解是否完全正确。事实上，正方形的一边与对角线不可共度，相当于 $\sqrt{2}$ 不为有理数。

正五边形的一边与对角线不可共度，相当于 $\dfrac{1+\sqrt{5}}{2}$ 不为有理数。几何学这门研究空间与移动的学问，在解析几何创立以前，几何与代数是彼此独立的。17世纪以来，航海、天文、力学、经济、军事的发展，促进了解析几何的建立，并被广泛应用于数学各个分支。解析几何的建立第一次真正实现了几何方法与代数方法的结合，使形与数统一起来。17世纪早期，数学实质上依然只是一个几何体系，代数则居于附属的地位，这个体系的核心是欧氏几何，而欧氏几何本身局限于由直线和圆所组成图形。椭圆、抛物线和双曲线，由于能描绘行星、彗星的轨道，变得日益重要，如炮弹一类的飞行轨迹就是抛物线，而透镜的曲度则因为在眼镜、望远镜和显微镜方面的作用，以及为理解人眼的功能而为人们研究。可惜欧几里得没能为这些问题以及其他实际问题所涉及的曲线提供任何知识，而现存的希腊人在圆锥曲线方面的著作也不充分。欧几里得几何的每一个证明，总是要求某种新的、往往是奇巧的方法，希腊数学家用了大量时间处理这些问题，而不关心眼前的应用问题。但是17世纪出现的各种各样的科学的需要，却迫使数学家们要在短时期解决许多困难问题。

拉格朗日曾说："只要代数与几何分道扬镳，它们的进展就缓慢，它们的应用就狭窄。但是，当这两门科学结合成伴侣时，它们就互相吸取对方的新鲜活力，并迅速趋于完善。"从科学演进的历程看来，笛卡儿的坐标系是西方科学发展的里程碑。在西方哲学的发展史中，知识的可能性一直是备受困扰和争议的问题。图2-6所示的法国数学家笛卡儿（Descartes，1596—1650）的思考使他成为现代哲学第一人。在自己最著名的著作《第一哲学沉思集》中，笛卡儿直接指出了一个当时所有哲学与科学都会遭逢的困难挑战——如何获得绝对确定的知识。他所提出的问题，以及对于绝对主观知识的确定性的诉求，让当时处于哲学传统中的亚里士多德的哲学无立足之地。笛卡儿曾说过，人类心智与生俱来有完美、空间、时间和运动等观念。平面上建立直角坐标系，精确描述每一个点的位置，这样的思想对现代人来说很容易理解，但是它却有划时代的意义。借助笛卡儿坐标系，可以用分析的形式陈述几何问题。建立一个不容怀疑的知识结构是笛卡儿的目的。笛卡儿和图2-7所示的法国数学家皮埃尔·德·费马（Pierre de Fermat，1601—1665）都对欧氏几何的局限性表示不满。笛卡儿直截了当地批评古代几何过于抽象，而且过多依赖于图形，以致它只能使人在想象力十分贫乏的情况下，去练习运用理解力。另外，他对代数也提出了批评，认为它完全受法则和公式的约束，因此成了一门充满混乱和晦涩，有意用来阻碍思想的技艺，而不是一门有益于思想发展的艺术。此外，他们都认识到几何学提供了有关真实世界的知识和真理，也对这样的事实十分欣赏：代数能用来对抽象的未知量进行推理，还能把推理过程机械化以及减少解题的工作量。代数是一门普遍的潜在的方法科学。笛卡儿和费马因此而主张把几何和代数中一切精华的东西结合起来，互相取长补短。在对方法论的研究中，笛卡儿解决所有问题都采用由简到繁的方法。几何中最简单的图形是直线，所以他就设法通过直线对曲线进行研究，然后再找出研究曲线的方法，并由此找到了解决这一问题的途径。

图 2-6　笛卡儿　　　　　　　　　　　　图 2-7　皮埃尔·德·费马

　　费马与笛卡儿研究解析几何的方法很不一样。费马的本业是律师，但因为热衷数学研究而被誉为"业余数学王子"。费马的名字被频繁地与数论联系在一起，他在这一领域的工作内容超越了他所在的时代。费马的天才智慧最突出的地方就在于对正整数性质的深刻洞察。和他处于同一时代的人对费马的了解更多是从其有关坐标几何、无穷小演算以及概率论的研究中得到的。费马不习惯出版他的发现成果，因此他的影响力有限。后人主要从他写给朋友的信以及他所读书空白处的笔记中得知他的成果。费马继承了希腊人的思想，而笛卡儿则批判希腊人的传统。笛卡儿发现了代数方法的威力，而费马则强调轨迹的方程的观点则更为恰当。费马从图卢斯大学毕业后，在波尔多学习数学，熟悉了韦达的符号代数学。之后，他相继提出微积分、概率论与数论的研究。

　　费马是第一位将独立变数 x 作微小变化的人，从 x 到 $x + \varepsilon$ 这种思想在微积分史上意义重大。他研读了帕普斯的数学著作，从中了解到阿波罗尼斯的《平面轨迹》，以及帕普斯的"n 线轨迹"（$n \geq 3$）问题。费马发现，阿波罗尼斯并没有找到解决轨迹问题的一般方法。他将韦达的符号代数方法应用于阿波罗尼斯的轨迹定理，导致了解析几何的产生。费马与笛卡儿各自独立地发明了解析几何，成功沟通了几何图形与代数方程式。在《平面与立体轨迹引论》中，费马写道："在最后的方程中出现两个未知量时，我们就得到一个轨迹，其中一个未知量的一端画出了一条直线或曲线。"1679 年，费马的《平面与立体轨迹引论》正式出版，距离笛卡儿的《几何学》出版已有 42 年。早在 17 世纪 30 年代初，费马就发现了求曲线切线求函数极值的方法，这些正是微分法的要素，费马等于发现了微积分的大门。牛顿在给朋友的信中承认，他早期微分法的一些概念来自费马的思想，这封信直到 1934 年才为世人所知。18 世纪法国数学史家蒙蒂克拉（J. E. Montuela，1725—1799）在著作《数学史》中也未提及费马的解析几何工作。直到 19 世纪初，法国学者波素在

《数学通史》中也只介绍了笛卡儿的工作。经过后世数学史家的研究后，费马的工作才得到人们的普遍承认。

笛卡儿的坐标概念：给定一条如图 2-8 所示的曲线。可以将这条曲线看成是由位于一条垂线 PQ 上的点 P 而形成。当这条垂线向右移动时，点 P 本身随着曲线的形状或上或下地移动。因此，我们可以通过研究一条直线上点 P 的上下运动来研究任何曲线，而这条直线本身的运动则平行于它先前的位置。这样一来，问题就好办了。但是，应该如何描述由点 P 的运动所形成的任意曲线的特征呢？

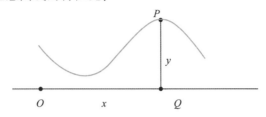

图 2-8　由具有可变长度的直线段所形成的一条曲线

为了实现这个目的，笛卡儿使用了代数，因为他知道代数语言是一种帮助记忆的简单方法，而且它能用较少的形式包含丰富的内容。当垂线向右移动时，它与点 O 的距离就可以用来表示该垂线的位置。这一距离用 x 表示，运动直线上点 P 的位置，可以通过点 P 与一条固定的水平线 OQ 的距离来表示，这段距离可用 y 来表示。这样，点 P 的每一个位置都将有一个 x 值和一个 y 值。对于同一个 x，两条不同的曲线将有两个不同的 y 值。因此，一条曲线的特征就是，在这条曲线上的点 P 具有 x 与 y 之间的某种关系，而且对于不同的曲线，这种关系也不同。

让我们来看看如何把这一思想应用于一条简单的曲线，如一条过点 O 且与水平线成 45° 角的直线，如图 2-9 所示。如果运动的直线 QP 向右移动任意距离 x，点 P 为了仍在此直线上，则必须上移一个与 x 等值的距离 y，欧氏几何告诉我们，$\triangle OQP$ 是一个等腰直角三角形，所以 OQ 必定等于 QP。因此

$$y = x \tag{2-1}$$

是所考虑的直线上的点所具有的特征关系。如果 OQ 的长度是 3，PQ 的长度是 3，则这样的点 P 是在这一直线上的点，因为点 P 的 x 值是 3，y 值是 3，满足方程 $y = x$。

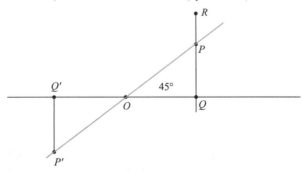

图 2-9　与水平线成 45° 角的一条直线

为了使直线上包含如点 P'，同时又使 P' 区别于 P，可以使用负数来表示 PQ 向点 O 左边移动的距离和在水平线 OQ 下的距离。这样，P' 的 x 值和 y 值都是负值且相等，而且

$y = x$ 也依然为真。此外，对于不在直线 $P'OP$ 上的点 R 来说，它的 y 值，即 QR 的长度不等于 x；所以对于不在直线上的点，关系 $y = x$ 就不成立。

用代数方程表示几何曲线的概念。我们可以把上述讨论中的思想系统地概括为笛卡儿理论的两个基本概念：坐标系概念和利用坐标方法用代数方程表示几何曲线的概念，如图 2-10 所示。

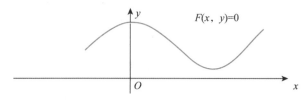

图 2-10　直角坐标系

为了更进一步说明笛卡儿的思想，我们将其方法运用于如图 2-11 所示的圆。假设该圆的半径为 5。设 P 是圆上的任意一点，x 和 y 是其坐标。再根据欧氏几何中的毕达哥拉斯定理（一个直角三角形中，两直角边的平方和等于其斜边的平方），则有

$$x^2 + y^2 = 25 \tag{2-2}$$

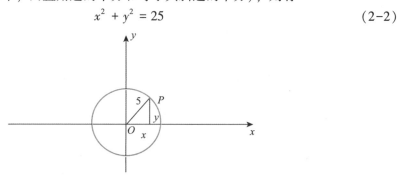

图 2-11　位于一个直角坐标系中的圆

这个关系适用于圆上的每一个点，也就是圆上的点的坐标满足这个方程；不在圆上的点的坐标不满足这个方程。至此，我们已经说明了一条曲线是如何通过一个方程唯一地表示出其特征的。笛卡儿的思想提示我们可以思考上述过程的逆过程，即假定存在一个方程，如

$$y = x^2 \tag{2-3}$$

从这一方程着手，看看什么样的曲线可能与这个方程联系在一起呢？让我们再考虑一下有关点 P 在移动的直线 PQ 上的运动情况。当 PQ 移到 O 的右边时，OQ 的长度是 P 的 x 值，并且是正值。当 x 是正值时，x^2 也是正值。因此，点 P 必位于 x 轴的上方，而且当 x 的值小时，x^2 的值也小，而当 x 变大时，x^2 也迅速地增加。因此，我们至少粗略地知道，正值 x 看起来适应这条曲线。现在当 PQ 移到 O 的左边时，P 的 x 值是负值，但是 x^2 依然是正值。因此，点 P 将位于 x 轴的上方。而且，对于一个给定的 x 的负值，就如同相应的 x 的正值一样，x^2 的值相同。因此，点 P 向 y 轴左边移动与向 y 轴右边移动的方式一样。完整的曲线如图 2-12 所示，曲线可以继续向左、向右无限延伸。我们对方程 $y = x^2$ 的分析显示出，曲线关于 y 轴对称。可以证明，该曲线是一条抛物线。

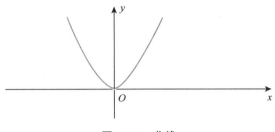

图 2-12　曲线

　　如果希望得到一条更加准确的曲线，可以选择 x 的值，将它们代入方程 $y = x^2$ 中，再计算出相应的 y 值。这样，计算的坐标越多则描出的点越多，因而画出的曲线就越准确。笛卡儿和费马思想的核心，现在已呈现在我们面前了。对于属于一个方程的曲线，可以唯一地画出曲线上的点，而不会有其他的点。反过来，对于每一个包含 x 和 y 的方程，能够通过给出的点的坐标 x 和 y 将其画成一条曲线。这一关系正式表述如下：任何曲线的方程，都是一个满足该曲线上所有点的坐标的代数等式。任何其他点的坐标都不满足该代数等式。这样，这一方程和曲线的结合是全新的思想。通过将代数中的精华与几何中的精华结合起来，笛卡儿和费马有了一个新的、价值极大的研究几何图形的方法，这就是笛卡儿在其《方法论》一书的附录中所包含的思想的实质。仅仅在两三个月内，笛卡儿就成功地利用这个方法解决了许多复杂的问题。

　　在分析了单条曲线的性质后，方程和曲线的结合就使在科学上大规模运用数学成为可能。在这种结合中，我们将考察抛物线的应用。在这方面，这个曲线方程被证明具有不可估量的价值。抛物线总是关于一条直线对称的，该直线称为抛物线的对称轴，在图 2-13 中，对称轴就是画出的那根水平线。在这条轴上有一点 F，称为焦点。对于焦点而言，如果 P 是抛物线上任意一点，那么线段 PF 和图 2-13 中通过点 P、平行于对称轴的线段 PD，与过点 P 的切线 PQ 分别形成的角相等，即 $\angle 1 = \angle 2$。

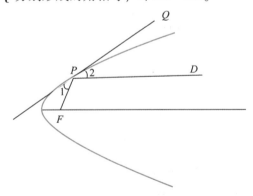

图 2-13　抛物线的聚焦特性

　　假设抛物线是一个反射面的横截面，在点 F 处放置一个小光源。从点 F 发出的光线将射在抛物线上，然后将沿着与对称轴平行的方向反射。因此，从点 F 发出的光线将通过的路径为 FPD。结果是，所有的光线将集中在对称轴的方向，并且将产生一个非常强的光柱。在实际运用这个原理时，我们是将抛物线绕轴旋转而得到一个抛物面。大家熟悉的一个例子是汽车的前照灯。抛物线的这一性质也可以反过来利用，即如果抛物线的对称轴指向远处的一颗星星，那么这颗星发出的光线就以几乎与对称轴平行的方式射向抛物线，然后光线照在抛物线上，经抛物线再反射到点 F。因此，点 F 处就将有一个巨大的聚光点，从而使科学家能更清楚地看到远处的星星。因此，一些望远镜就做成抛物面状。如果不是看星星，而是对着太阳，则聚集在点 F 的光线将产生很大的热量，从而使位于该处的易燃物着火。这个效应就是"聚焦"（focus）一词的来历，在拉丁文中，这个词是的意思是"炉床"或"燃烧的地方"。

所有二次曲线都具有与以上所描述的抛物线相似的性质。因此，这些曲线被有效地用于透镜、望远镜、显微镜、X 射线机、音乐厅、无线电天线、探照灯和其他几百种重要的设备。当开普勒将圆锥曲线引入天文学时，圆锥曲线已成为所有天文计算的基础，其中包括日食、月食和彗星的轨道。另外，圆锥曲线也被应用于桥、索道和道路的设计中，在所有这些应用中，曲线方程使计算成为可能，或者至少是加快了计算速度。在欧氏几何中需要精心巧妙、复杂的作图，而且只能通过近似的测量求出线段的长度，而笛卡儿的代数方程却非常简单，给出的答案能达到任何所需的精度。坐标几何虽然没有能够完全像笛卡儿所希望的那样解决全部的几何问题，但是它解决的问题比笛卡儿在 17 世纪所能想象的要多得多。

把坐标几何扩充到高维空间。方程和曲线的联系，的确不仅仅只是打开了通往新的曲线世界的大门，还带来了认识新空间的需要。在这以后，扩充到更高维空间的思想不断地向人们提出了挑战。我们必须考察最近的坐标几何新分支，因为这些扩充的新分支，是最尖端、最难懂的现代科学发展的基础，其中包括相对论。本节将首先考察坐标几何向三维空间的扩充。前面已经讲过，平面上一个点的位置，能够通过一数对即坐标来描述。很明显地，我们立刻就可以知道，三维空间中的点能够通过一个三元数组表示出来。A 是任意一个平面，就像一页纸一样的平面，我们将其水平放置。假设在这个平面上，被测量的 x 值的正方向由 Ox 表示（图 2-14），被测得的 y 值的正方向则由 Oy 表示。

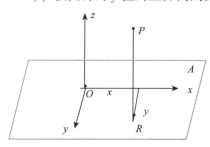

图 2-14　三维直角坐标系

现在，空间中的每一点 P 都位于平面 A 的上方或下方，这个距离用 z 来表示；对于平面 A 上方的点来说，z 是正值，而位于平面 A 下方的点，则 z 是负值。点 P 在空间的位置就能够通过三元数组即坐标 (x, y, z) 来表示。三根轴 Ox、Oy、Oz 的交点 O 称为三维坐标系的原点，坐标是 $(0, 0, 0)$。通过三维坐标系，可以在空间中把代数方程和几何图形联系起来。为了说明这一关系，我们以一个球为例。根据定义，球是空间中到一个给定的称为球心的点的距离为一定长的所有点的集合。假定球上所有的点到球心的距离是 5 个单位，再假设球是固定的，并使其球心就是三维坐标系中的原点，如图 2-15 所示。设球面上任意点 P 的坐标是 (x, y, z)。这样，x 和 y 就是一个直角三角形（位于水平面上）的两直角边，该直角三角形的斜边是 OR，由毕达哥拉斯定理，有 $x^2 + y^2 = OR^2$。OR 和 PR（长度为 z）是直角三角形 OPR 的直角边，该直角三角形的斜边是 OP，也就是 5 个单位。所以，$OR^2 + z^2 = 25$，把 OR^2 的表达式代入，就得到了方程 $x^2 + y^2 + z^2 = 25$。

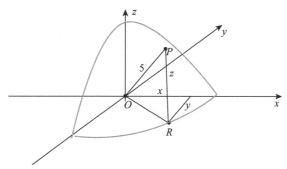

图 2-15　位于三维直角坐标系中的一个球

球的方程与圆的方程 $x^2 + y^2 = 25$ 相似，随后再讨论这种相似性。球的情形揭示了一个重要的新的情况。一个含有 x、y、z 的方程代表一个曲面，每个曲面都可以由一个方程表示出来。在这里就不详细描述了。我们将考察一些方程及其所对应的曲面，因为这将有助于帮助读者理解我们对四维几何的讨论。例如，一个形如 $3x + 4y + 5z = 6$ 的方程（数字是任意的）表示的是一个平面上的点集，如图 2-16 所示。这个方程与二维坐标系中的一条直线方程，如 $3x + 4y = 6$ 相似，这一点十分明显。

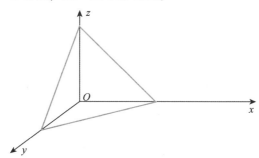

图 2-16　对应于 $3x + 4y + 5z = 6$ 的平面

然而，形如 $x^2 + y^2 = z$ 的方程则表示一个抛物面，如图 2-17 所示。这里所示的抛物面有点像一个碗或汽车前照灯。这个方程非常类似于表示一条抛物线的方程。

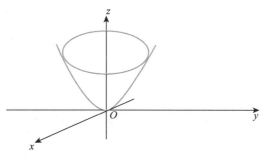

图 2-17　对应于 $x^2 + y^2 = z$ 的抛物面

球、平面和抛物面，是圆、直线和抛物线在三维空间中的类似物，对它们的方程所进行的比较也可以揭示这种关系。如果能再花点时间考察其他的曲面方程，将会发现，它们可由具有相似几何性质的曲线方程自然推广而得到。语言表达思想，一种丰富的语言也能揭示新的思想。至少这在数学中是如此，数学语言经常被证明。坐标几何中的代数语言就已经被证明具有意想不到的作用，因为它不从几何角度思考也行。考虑方程 $x^2 + y^2 = 25$，我们知道它表示一个圆。圆的图形，熟知的无终点的轨迹以及完美的形状，这一切都在公式中。代数已经取代了几何。在这个方程的代数性质中，我们能够找出几何中圆的所有性质。这个事实使得数学家们通过几何图形的代数表示，能够探索出一个更深层次的概念，这个概念甚至在笛卡儿、费马时代之前是完全不可想象的——那就是四维几何。

什么是四维几何呢？用画图的表示法来揭示这一概念全然没有意义。但是，我们可以考虑 4 条互相垂直的直线，即这 4 条线中每一条都与其他 3 条垂直。四维空间中的一个点也可以认为能由 4 个数（即 4 个坐标）来表示，这些数就是我们必须给出的沿 4 根轴到达该点的距离。因此，任意点的坐标能记作 (x, y, z, w)；下一步，就可以思考四维空间中特殊的几何图形了。引入和研究这些图形的最可靠的方法是通过坐标几何语言，如我们能建立诸如 $x + y + z - w = 5$ 这样的方程。这个方程为 x、y、z 和 w 值的许多集合所满足。例如，$x = 1$，$y = 6$，$z = 2$，$w = 4$ 的值满足这个方程。每一组满足该方程的值对应一个点，而该方程所代表的几何图形，就是每一个满足该方程的点的集合。因为该方程是由直线和平面方程扩充为 4 个字母而得到的，所以可以称这个图形为一个超平面（hyperplane）。类似地，还可以称对应于方程

$$x^2 + y^2 + z^2 + w^2 = 25$$

的图形是一个超球面，因为这个方程是由圆和球的方程扩充为 4 个字母而获得的。含有 4 个字母的方程，就是四维空间中图形的代数表示。四维几何图形与二维和三维几何图形在意义上同样存在。超球面像圆和球一样"真实"，而且可以同样应用于所有其他高维几何分支。绝大多数人在接受四维几何和相应方程过程中所遇到的困难，起因于这样的事实：他们混淆了思想结构与形象化。所有的几何，如柏拉图所强调的那样，研究的是仅仅存在于思想中的理念。幸亏通过在纸上作图，我们能够观察到或画出二维和三维的理念，而且这些图能帮助我们记忆和组织思想。但是，图形并不是几何中的主体，而且也不允许从图形出发进行推理。绝大多数人（包括数学家）依赖这些图形，将其作为一种支柱，而且一旦将这些图形移去时，他们本身就无法进行思考了。但是，对于更高维几何领域的研究来说，这种支柱就不复存在了。无论什么人，哪怕是最天才的数学家，都不可能观察到四维结构；他必须仅仅依靠自己的思想，再利用方程来讨论四维结构。

实际上，观察四维空间图形的截面是可能的。参考三维空间的一种情形，就能够解释这句话的含意。假定我们要详细研究椭球面，为了避免观察整个图形的困难，一个最为常用的数学方法是取这个椭球面的截面，然后进行研究。从这些截面中能够得到整个椭球的知识。这样，三维空间中图形的研究问题，就被简化为对二维空间中图形的研究问题。按照类似的方法，我们能够考察四维几何图形的二维和三维截面，再从这些截面的研究中推导出四维几何图形的知识。有的读者可能会问：我们知道椭球的平面截面是因为能够观察整个图形，而在四维世界中如何能做到这些呢？答案是：通过代数方程。首先，我们找出截面方程，然后利用二维和三维几何的一般知识得出截面的形状。四维几何的概念，实际上在研究物理现象时非常有用。有一种观点是：任何事件都在一定的地点和一定的时间发生。从这种观点出发，物理世界被认为是四维的。为了描述这个事件与其他事件的区别，

就应该给出该事件发生的地点和时间。该事件在空间中的位置能够由 3 个值来表示，也就是它在三维坐标系中的坐标；该事件发生的时间则能由 x、y、z 和 t 这 4 个值来表示。这 4 个值就是四维时空世界中一个点的坐标。人们把关于事件的世界想象为一个四维世界，而且按照这种方式研究物理事件。

作为一个特殊的例子，让我们来考虑行星的运动。为了适当地确定一颗行星，我们不仅要指明它的位置，而且要指出这颗行星出现在这个位置的时间。因此，描述行星的位置，实际上需要 4 个值，这样的 4 个值可以被认为是四维几何中的一个点。行星连续变动的位置，也可以描述为是四维世界中的一些点的点集，因此行星在时空中的整个运动可以用一条超曲线来描述。虽然我们不能观察到或画出这样的一条曲线，但是能通过一个方程，或者更精确地说是通过含有 4 个字母的方程来表示它。如果方程选择得恰当，那么这些方程就可以具体表现出行星运动的完整情形，就如同 $x^2 + y^2 = 25$ 完整地描述圆一样。正像我们能够通过研究圆的方程而推导出关于圆的事实一样，我们也能通过研究代表行星运动的方程，而推导出关于一颗行星运动的情形。

在此指出，现在有不少关于如果人们生活在一个四维空间中，将发生各种事情的说法。许多作者宣称，在一个四维空间中，不打破蛋壳，人们就能吃鸡蛋，不用穿过墙、楼顶或天花板，人们就能不经门、窗而离开房间。这些作者是与低维情形作类比所得出的结论。如果从一个正方形内的一点 A，到达正方形外的一点 B（图 2-18），同时又保持在这张纸所在的平面，那么就必定要穿过封闭的围线 C，但是，如果利用三维空间离开这张纸所在的平面，那么就可以不必穿过 C。类似地，从一个立方体内的一点 A 到立方体外的一点 B（图 2-19），必穿过立方体的表面——只要我们限于三维空间中。但是，若与平面情形类比，即如果我们能利用一下四维空间，那么就不必穿过立方体表面了。

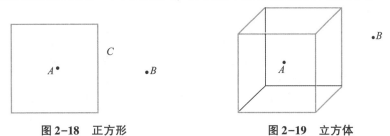

图 2-18　正方形　　　　　　　　图 2-19　立方体

维数和高维几何的概念，是十分诱人的数学内容。但是，这些内容已经远远地超出了笛卡儿、费马的工作范围。他们的工作，以及从他们的工作所得出的教益，正是本章中所讨论的内容。那么这种教益是什么呢？

（1）在笛卡儿的哲学思维中，数学是灵感的产物和指路灯。

（2）对方法论的一种哲学上的兴趣和对数学活动的一种智力上的爱好共同作用，产生了坐标几何，在此基础上，又在实际中把所有数学都应用于与此相关的物理世界。

1637 年，笛卡儿出版名著《方法论》，书后有三个附录《折光》《气象》《几何学》。其中《几何学》三卷的标题分别是：只需利用直线和圆即可解决的问题；曲线的性质；立体与超立体问题（三次及三次以上的问题）的作图。笛卡儿的目的是研究代数方程根的几何作图，这也正是韦达的目标。因此可以说，笛卡儿的工作是韦达，甚至比他更早的阿拉伯数学家奥马·海亚姆（Omar Khayyam，1048—1122）的工作的延续。应用早期的初等几何学知识，人类只能处理平直的、规则的图形问题。随着解析几何与微积分的出现，人们解决了平面上的曲线、不规则区域，以及任意立体图形的长度、面积与体积等问题。从几何的本质上来看，这些还都属于欧氏几何的一部分。对于解析几何、涡旋理论以及机械论的贡献，让笛卡儿成为 17 世纪科学界中的佼佼者。笛卡儿坚信能以数学为基础，发展出一个全新的科学系统。他指出："数学是在一切领域中建立真理的方式。"笛卡儿的坐标系统促使人们发展出了现代函数的概念。进而，人们对变化率有了精确的掌握，而变化率的概念促成了微积分的确立。通过笛卡儿的工作，数学的重要性大大提高了，因为他是一流的富有影响的思想家；他率先向全世界证明了数学方法在人们对真理的探索中所具有的力量和作用。没有函数就不会有微积分，没有微积分就不可能有牛顿力学与近代科学文明。在费马和笛卡儿两位大师之后，经过两个世纪的发展，解析几何才逐渐成为一门成熟、完善的学科。思考是存在的唯一依据，怀疑的方法成为笛卡儿知识论的核心，是他哲学思想中最为重要的一部分。"我思故我在"也完全改变了哲学家原有的哲学态度。

2.1.3　微分方程的发展

17 世纪以后，自然科学与技术蓬勃发展，推动其发展的一个核心因素是微积分的发明。微积分之所以能广泛地应用于各个科学领域，是因为这些问题经常被划归为求解某类微分方程的问题。在所有数学领域中，微分方程与大自然的关系最为密切。自然界的定律可以通过实验隔离不重要的因素，再加以细心的观察与数学的推导来证实。质点动力学和刚体动力学的问题很容易转化为微分方程的求解问题。弄清一个问题中变量之间的函数关系或其变化趋势对于问题的解决尤为重要。在一些较为复杂的变化过程中，变量之间的函数关系无法直接得到。这时，需要在理论和经验的基础上找出问题中的变量及其导数之间的关系。微分方程就是一个含有未知函数及其导数的方程。通过求解微分方程得到变量间的函数关系，或者在微分方程的基础上进行数值计算和渐进性态研究，可以了解系统的发展变化规律。微分方程的发展涉及各种典型微分方程解的研究、一般理论的萌芽与求解方法的突破。微分方程占据了分析学的核心地位。最早谈及微分方程的数学家是克里斯蒂安·惠更斯（Christiaan Huygens，1629—1695）与莱布尼茨，最先以微积分技巧处理微分方程的是詹姆斯·伯努利的等时曲线问题。法国数学家皮卡（Picard，1856—1941）在处理微分方程的存在性与唯一性时，第一次系统地使用了逐次逼近法，1879 年他提出皮卡第一定理，次年提出皮卡第二定理。这两个定理成为复变函数论许多新方向的起点。皮卡推广了逐次逼近法，证明了含复变量的微分方程和积分方程的解的存在唯一性定理。与此同时，由于求通解存在很多困难，人们开始研究带有某种定解条件的特解。法国数学家柯西对微分方程初值问题解的存在唯一性进行研究。"柯西-利普希茨定理"又被称为"皮卡-林德勒夫定理"，保证了一阶常微分方程局部解的存在性和唯一性。该定理最早由柯西于 1820 年发表，但直到 1868 年才由图 2-20 所示的德国数学家鲁道夫·利普希茨（Rudolf Lipschitz，1832—1903）给出确定的形式。利普希茨长期从事微分几何方面的研究。自 1869 年起，他对黎曼在 1854 年得出的有关结果进行了研究，并发表了一系列论著。从扩展 n 维几何概念入手，利普希茨讨论了多重微分与子流形的性质，并由此开创了微分不变量理论的研究。此后由 C. G. 里奇（Ricci，Curbastro Gregorio，1853—1925）等人发扬光大。从 1913 年起，里奇的绝对微分学被爱因斯坦用来建立广义相对论。

图2-20　鲁道夫·利普希茨

　　不同的学科产生不同的微分方程，有意义而且影响深远的微分方程，主要来自物理学与几何学。物理学中有很多现象都可以通过数学模型来加以解释。要建立适合实际问题的数学模型一般是比较困难的，这需要对问题的机理有很清楚的掌握，同时还必须具备一定的数学知识以及建立模型的经验。例如，单摆的周期公式可以通过常微分方程来设定模型，即以初速 v_0 斜向抛掷一个物体，假设初速 v_0 与水平线的夹角为 θ 并且不计空气阻力。可以通过二次曲线当中的抛物线 $h = (v_0 \sin \theta) t - \dfrac{1}{2} g t^2$ 来建立模型，其中 h 是抛掷经过时间 t 秒后物体的高度，而 g 是重力加速度。建立适当的假设与模型，以数学的方程或函数关系来解释物理现象，是很常见的一种数量分析方法。用微分方程解决实际问题的基本步骤为：建立实际问题的模型、提出定解条件、求出微分方程的解析解或数值解、用结果来解释实际现象或对问题的发展变化趋势进行预测。

　　数学和物理学关系密切，物理学公理化与数学化曾是一个时期内许多大学问家追逐的目标。现代物理学研究的基本粒子、夸克及超弦理论等，是古希腊时代原子论及欧氏几何学这些主流思想的产物。在方法论中，原子论是分析与综合的施展。在胡塞尔看来，数学在希腊如同奇迹般的诞生正是西方科学理性的出发点。伟大的物理学家费曼认为，如果人类要面临毁灭，只准保留一句话给未来的世代，这句话要用字最少，但含有最多的科学信息，那么应该保留那一句话呢？毫无疑问，应该保留原子论：凡是物质都是原子构成的，原子是微小的粒子，挤在一起会互相排斥，稍分离时又会相互吸引。在科学发展史上，人类对大自然的理解与描述大致可分为神话观、科学观、目的观、机械观与数学观五个阶段。自17世纪以来，物理领域的直觉一直是数学问题与方法的泉源。数学发展的目的之一，就是描述世间现象与刻画万物规律。宇宙是高度数学化的，它遵循的自然规律最终可以用微积分和微分方程的形式表达出来。微分方程的来源直接影响着求解的方法，了解物理背景或几何现象有助于求解微分方程。如物理学中牛顿的运动方程式、麦克斯韦电磁理论方程式、薛定谔方程式、爱因斯坦方程式和狄拉克方程式等都属于微分方程。很多物理学家或研究工程方面的人，常常会找数学家来讨论微分方程。微分方程成为18—19世纪数学发展的主基调，那时，各种典型微分方程解的研究，求解的方法以及一般性理论都得到了蓬勃发展。

微分方程式是一种广义的"微分逆运算"。有了微积分之后，给定一个足够光滑的函数 $f(x)$，可以计算其各阶导数。而这个各阶导数可能满足某个关系式，如 $f'(x) + f(x) = 0$。现在问是否可以找到一个函数，使它满足 $f'(x) + f(x) = 0$？这类问题就被称为微分方程。当变量是一维时，称为常微分方程，当变量是二维以上时，就称为偏微分方程。常微分方程是偏微分方程、变分法、控制论等数学分支的基础。能用初等积分法求解的微分方程很少，绝大部分微分方程像 Bessel 方程、Riccati 方程都无法求出通解。大部分微分方程不能通过"求积"得到，而理论上又证明了初值问题解的存在唯一性，从而推动了人们从其他方面来研究微分方程。1886 年，渐近级数的概念由庞加莱和斯蒂尔杰斯创立，在此之前，这类级数已被用于计算积分和求解微分方程。微分方程是数学上非常有趣的问题，也是非常有用的工具。

牛顿第二运动定律 $F = ma$，这个常微分方程式被用来构建模型以解释开普勒的天文三大定律。牛顿提出万有引力，即两个质量分别为 m_1 和 m_2 的物体之间有互相的吸引力，其方向在两个物体的连线上。吸引力的大小与 m_1、m_2 成正比，与物体间距离的二次方成反比。在这些假设条件之下，设太阳质量为 M 而地球质量为 m。以太阳为原点，地球相对于太阳的位置向量为 $r(t)$，则地球满足的运动方程式为 $m\ddot{r}(t) = -G\dfrac{mM}{r^3}r(t)$，这里 G 是一个常数。这个常微分方程式的解可以解释开普勒三大定律，同时也与图 2-21 所示的丹麦天文学家和占星学家第谷·布拉赫（Tycho Brahe，1546—1601）的观测数据一致，这个大成就确立了牛顿运动定律及万有引力定律在物理学上的地位。

图 2-21　第谷·布拉赫

线性微分方程的未知函数及其各阶导数都是一次方，否则称其为非线性微分方程。冯·诺依曼说过："计算可以提示我们到底真相是什么。""真正有效率的高速计算，不论在非线性偏微分方程领域或是其他很多困难尚无法探索的领域，都提供了推动数学各方面进步所需要的启发。"一般物理上或几何上的方程都是非线性的。尽管其基本定律可能是线性的，但真正用于自然现象时却是非线性的。例如，牛顿运动定律中的 $F = ma$，虽然基本上是线性的，但若有几个粒子交互作用之后，每两个粒子之间的交互作用力就存在一个 $\dfrac{1}{r^2}$ 的因素（其中 r 是两个粒子之间的距离），于是作用力就成为非线性的项。

图 2-22 所示的意大利数学家雅各布·弗朗西斯科·黎卡提（Jacopo Francesco Riccati，1676—1754）凭借黎卡提方程闻名于世。黎卡提方程就是个典型的非线性常微分方程。在一般情况下，黎卡提方程无法用初等积分法求出解。只有对一些特殊情况或者事先已知道一个特解时，才可以求出其通解。黎卡提最早在布雷西亚的耶稣会学校接受教育，1693 年进入帕多瓦大学学习法律，1696 年获得法学博士学位。在斯蒂法诺·德格雷·阿格里的鼓励下，黎卡提开始学习数学和分析。黎卡提的父亲阿斯·黎卡提来自一个在威尼斯的贵族家庭；母亲来自很有权势的科隆纳家族；长子文森佐·黎卡提是一位基督教徒，也从事数学研究，在双曲函数方面有开拓型贡献；次子乔尔达诺·黎卡提是首位测量材料杨氏模量的科学家，比托马斯·杨早 25 年。黎卡提曾收到彼得大帝的邀请，邀请他就任圣彼得堡科学院院长，也曾被维也纳邀请担任帝国法官，帕多瓦大学等多所大学还为他提供了各种职位，但他都拒绝了，以便专心进行数学分析研究。他经常为威尼斯参议会提供建设运河的建议。应黎卡提的要求，他对于多项式的某些工作被写入玛利亚·阿涅西的积分著作之中。1723 年，黎卡提当选为博洛尼亚研究院荣誉院士。著名的黎卡提方程的形式为

$$\frac{\mathrm{d}y}{\mathrm{d}x} = p(x)y^2 + q(x)y + f(x)$$

1841 年，法国数学家刘维尔证明了黎卡提方程没有初等解法，但是很多实际问题与理论问题又迫切需要求得这个方程的解，这也使这一方程成为世界著名难题。无论在微分方程的经典理论或在近代科学的相关分支，黎卡提方程均有重要应用。黎卡提方程自从 17 世纪被黎卡提提出以来，历经几百年一直未有一般解法，虽然有众多特例解法，但都未能从根本上解出这个方程。

图 2-22　雅各布·弗朗西斯科·黎卡提

多变数函数的微分方程即偏微分方程，出现在数学、物理学及工程技术中的各个分支。例如椭圆形方程（典型的例子：拉普拉斯方程）、抛物型方程（典型的例子：热传导方程）和双曲型方程（典型的例子：波动方程）等都是偏微分方程。拉普拉斯方程又名调和方程或位势方程，由图 2-23 所示的法国天文学家和数学家皮埃尔·西蒙·拉普拉斯（Pierre-Simon Laplace，1749—1827）首先提出。拉普拉斯被称为"法国的牛顿"，数学中广泛使用的拉普拉斯微分算子就是由他的名字命名的。统计学中，概率的贝叶斯诠释也主要由拉普拉斯提出。拉普拉斯独立提出并发展了关于太阳系起源的星云假说（另一位独立提出星云假说的是

德国哲学家康德）；同时，他是最早推测黑洞的存在和引力塌缩概念的科学家之一。求解拉普拉斯方程是电磁学、天文学和流体力学等领域经常需要面对的问题。

图 2-23　皮埃尔·西蒙·拉普拉斯

热传导方程是抛物线偏微分方程最简单的例子，它描述一个区域内的温度如何随时间变化。如果考虑的介质不是整个空间，则为了得到方程的唯一解，必须限定边界条件。如果介质是整个空间，为了得到唯一解，必须假定解的增长速度有指数型的上界，这个假定吻合实验结果。热传导方程的解具有将初始温度平滑化的特质，这代表热从高温处向低温处传播。一般而言，许多不同的初始状态会趋向同一个稳态（热平衡）。因此，我们很难从现存的热分布反解初始状态，即使对极短的时间间隔也一样。反应扩散方程也是应用广泛的一类偏微分方程，它描述了生态学中物种数量的迁徙变化，人体或动物等复杂组织的发育形成过程，人体生理学的各种现象及化学反应。偏微分方程分为线性偏微分方程与非线性偏微分方程，常常有几个解且涉及额外的边界条件。

1980 年，荷兰数学家 D. J. Korteweg 和 G. deVries 在推导浅水波方程的过程中，仅考虑相散而忽略能量的消散，得到了著名的 KdV 方程，即 $u_t + uu_x + u_{xxx} = 0$，其中 t 是时间，x 表示空间坐标。KdV 方程就是非线性偏微分方程。在水中不同频率的波以不同的速度前进，没有什么东西可以把这些不同的频率一把抓在一起。基本上，复杂的波形会一路改变形状，它的波峰渐渐达到最高点，然后超越波的主体。此时波浪会碎成较小的扰动，最终则变为一团紊流，此现象我们称之为相散。

要求得 KdV 方程的解不是一件容易的事。罗素当时就发现这种波浪的不寻常之处。这种波浪在行进的途中可以保持稳定的速度和形状，不会散裂成水面上漂动的浮沫，也不会分流成许多更小的波浪，不会失去其能量，而只是向前奔流。现在我们称之为"孤立子"。孤立子的存在不仅限制于水波，甚至在量子力学中也有相同的性质。它让罗素终其一生着迷且投入，后来也成为他对船体龙骨革命性设计的重要根据。事实上，罗素发现的波是 KdV 方程的一个解。KdV 方程证实了罗素对两个孤立子碰撞时的观察：一个高而薄呈驼峰状的孤立子，追上它较矮胖的兄弟后，这两个波相会之后合而为一。经过一阵混乱之后，这个合而为一的波又彼此分开，较快较高的那道波以原有的速度前进，渐渐将较矮胖的波远远地抛在脑后。在两道孤立子交会之处，无法分辨二者，但交会过后两波又重新出现。1965 年，两位普林斯顿的物理学家与应用数学家 M. Kruskal 与 N. Zalusky，考虑了

KdV 方程的周期边界值问题：

$$\begin{cases} u_t + uu_x + \delta^2 u_{xxx} = 0 \\ u(x,\ 0) = \cos(\pi x) \end{cases}$$

并要求对所有的时刻 t，u、u_x、u_{xx} 是 $[0,\ 2]$ 上的周期函数。

涉及一个或几个未知函数及其偏导数的多个偏微分方程组成一个方程组，当未知函数的个数小于微分方程的个数时，方程组称为超定的；未知函数的个数等于微分方程的个数时，方程组称为适定的。解决微分方程的最基本方法是微积分基本定理。微分方程解的存在唯一性是指，在某些特定的条件下，解一定会存在。如果 $f(x,\ y)$ 在 $(x_0,\ y_0)$ 上连续，则一阶微分方程 $\begin{cases} y'(x) = f(x,\ y) \\ y(x_0) = y_0 \end{cases}$ 有且仅有一个解。要找到给定方程组的精确解并不容易。即使能找到精确解，要推导解曲线的周期性、递归性等长期行为也极其困难。动力系统的轨道的长期行为可用多种方式来描述。

19 世纪末，庞加莱引进了新方法，在无法找到方程组的精确解的情况下，仍可获知曲线的定性内容。此外，可以采用数值计算的方式求解微分方程。在已知解存在的情形下，可以用欧拉法来求其近似解。由于 20 世纪中期后计算机的发展，运用数值方法来求微分方程的解，已发展成为一门独立的学科。微分方程内容的学习不仅要掌握基本的理论和方法，而且对于思路明确、方法简单和计算量大的问题，要使用计算机处理以提高工作学习效率，自觉地将最新成果应用到解决实际问题的过程中。随着电子计算机的飞速发展，许多功能强大、使用方便的软件包得以开发，它们在微分方程的求解和应用中发挥了巨大作用。

21 世纪初，人们开始利用放射性现象来鉴定石头、化石和名画。物理学家 Rutherford 及其同事证实了某些放射性元素原子结构的不稳定性。在既定时期内，固定比例的原子会发生蜕变而形成另一种新元素。同时，Rutherford 证实一种物质的衰变率与该物质目前的原子个数成比例。若 $N(t)$ 表示某物质在 t 时间的原子数，则单位时间内发生衰变的原子数 $\dfrac{\mathrm{d}N(t)}{\mathrm{d}t}$ 与 $N(t)$ 成正比，即

$$\frac{\mathrm{d}N(t)}{\mathrm{d}t} = -\lambda N(t)$$

其中 $\lambda > 0$（λ 为衰变常数）。λ 越大，物质衰变得越快。放射性原子数目衰变成原来数目一半所需要的时间，被称为半衰期。

2.2 线性代数

线性代数是大学数学的一个重要分支，属于理工科各专业的重要基础课。线性代数不仅在技术上发展了数学计算方法，而且在语言上充分体现了数学符号的简洁性。18 世纪，线性方程组的理论研究开始发展，并逐步形成行列式、矩阵、线性空间、线性变换等具体分支。矩阵作为一个通用的数学工具，自身发展成一门庞大的分支学科。经过几个世纪的发展，线性方程组不仅从计算的角度获得了较为完满的结果，并在理论上有了深入的发展。线性方程组逐步演变成一个初步公理化的结构体系。19 世纪末，意大利数学家皮亚

诺（G. Peano，1858—1932）给出空间的公理化定义，由此发展成一门较为成熟的学科——线性代数。

亚里士多德说："在任何地方，我们对事物无法得到真正的洞察，除非我们实际看到它们从头开始的生长过程。"法国数学家庞加莱说："若要预见数学的未来，最好的方法是研究数学史以及它的目前实况。"行列式和矩阵理论是随着实际需要和对线性方程组求解认识的不断深入而发展起来的。随着研究的不断深入，方程组的形式也逐渐复杂起来，反映独立条件的变量个数与约束条件的方程个数不断增加。为了适应计算要求，需要有简洁的语言和合理的规则来方便计算。行列式和矩阵正是适应这样一种需要，且被认为是现代数学高度有用的工具。从逻辑结构上考查，矩阵概念应先于行列式，但历史发展规律表明顺序恰好相反。数学史上这样的例子不是个别的，如数系基础的建立，最早认识的自然数其基础是最晚建立的，文艺复兴时期发展的射影几何被发现逻辑上早于古希腊的欧氏几何。将行列式作为一个相对独立的课题来研究始于法国数学家范德蒙德（A. T. Vandermonde，1735—1796），他将行列式从线性方程组的求解中分离出来，研究了行列式的数值运算式的有关问题，如行列式的计算规则、变换性质、降阶法则等，促成了行列式理论的建立，给出了我们现在熟知的"范德蒙德行列式"等的计算方法。

成书于公元前一世纪的《九章算术》是我国最重要的数学经典之一，是我国古代张苍与耿寿昌共同撰写的一部数学专著。它集先秦到西汉数学知识之大成，集中体现了当时中国数学领域的最高发展水平。魏晋时期数学泰斗、中国古典数学理论的奠基人之一刘徽的杰作《九章算术注》和《海岛算经》，是宝贵的数学遗产。刘徽的《九章算术注》对于后人理解术文的内容贡献最大，但对于他的生平我们掌握的资料非常有限。《九章算术》是以算筹为算具的数学教科书，算筹作为当时世界最灵巧的计算工具，使用起来既方便又准确，成为在历史上延续了 1 500 年以上的科学传统。全书以计算为中心，基本采取算法统率应用问题的形式。《九章算术》中的许多成就居世界领先地位，对中国后世的数学发展和数学教育产生了深远的影响，奠定了此后中国数学居世界前列千余年的基础。《九章算术》内容丰富，全书采用问题集的形式撰写。书中共有 246 个与生产生活实践相关联的应用题及其解法，有的是一题一术，有的是多题一术或一题多术。书中关于约分、通分和加减乘除法则等分数的知识，是当时世界上最系统、最完备的分数理论。对于分数，刘徽指出："物之数量，不可悉全，必以分言之"。其意思是："物品的数量不可能都是整数，必须用分数表示"。在"方田"一章中已有明确的分数运算法则，而其他各章还有很多分数应用题。"矩阵"作为数的方阵列的概念，在《九章算术》中已有体现。关于利用矩阵思想求解线性方程组的问题，在《九章算术》"方程"章可以看到完整的解决程序。

"矩阵"作为一个数学名词则首先由图 2-24 所示的英国数学家詹姆斯·约瑟夫·西尔维斯特（James Joseph Sylvester，1814—1897）创造，以区别行列式概念。由于行列式在范德蒙德的贡献下作为一个独立的课题来研究，使它不需要直接考虑行列式的值是多少，因此引起学者们对其中数字阵列的特别关注。图 2-25 所示的英国数学家阿瑟·凯莱（Arthur Cayley，1821—1895）为矩阵论的发展做出了重大贡献。数学大师拉普拉斯曾说过："这就是结构好的语言的好处，它的简化的记号往往是深奥理论的源泉。"物理学家塔特也赞美道："凯莱正在为未来的一代物理学家锻造武器。"1855 年，凯莱引入西尔维斯特提出的"矩阵"概念，并于 1858 年发表了关于这个课题的第一篇重要文章《矩阵论的研究报告》，其中系统地阐述了关于矩阵的理论。凯莱在文中定义了矩阵的相等、矩阵的运算法则、矩阵的转置、零矩阵、单位矩阵及矩阵的逆等一系列基本概念，指出了矩阵加法的可交换性与可结合性。另外，凯莱在该文章中还给出了方阵的特征方程和特征根以及有关矩阵的一些基本结果。

图 2-24　詹姆斯·约瑟夫·西尔维斯特　　　图 2-25　阿瑟·凯莱

 拓展性习题

1. 矩阵的乘法有哪些定义的形式？
2. 简述行列式的历史沿革。
3. 行列式有哪些不同的定义方式？
4. 试述行列式的几何意义。
5. 试述用向量表示线性方程组解的缘由。
6. 如何理解矩阵特征值和特征向量的几何意义？
7. 为什么要讨论矩阵的相似对角形？

2.3　概率论与数理统计

　　法国数学家拉普拉斯有名言："生活中最重要的问题，绝大部分其实只是概率问题"。当代国际著名统计与数学家拉奥（C. R. Rao）也说过："如果世界中的事件完全不可预测地随机发生，则我们的生活是无法忍受的。而与此相反，如果每一件事都是确定的、完全可以预测的，则我们的生活将是无趣的。"一方面，概率论是在数学众多分支的影响下成长起来的。另一方面，概率论的思想也渗透到很多其他的数学分支。1812 年，拉普拉斯出版数学著作《概率的分析理论》。在 1814 年第二版题为"关于概率的哲学"的序言中，拉普拉斯表明了自己关于概率的哲学观。他认为世界的未来完全由它的过去决定，只要掌握了世界在任一给定时刻状态的数学信息就能预知未来。著作中研究了形如 $T = \int_a^b g(t) e^{xh(t)} \mathrm{d}t$ 的积分，还给出了余误差函数的渐近展开。当 T 较大时，$\mathrm{erfc}\, t = \int_T^{+\infty} e^{-t^2} \mathrm{d}t \sim$

$$\frac{e^{-T^2}}{2T}\left(1 - \frac{1}{2T^2} + \frac{1\times3}{(2T^2)^2} - \frac{1\times3\times5}{(2T^2)^3} + \cdots\right)。$$

概率论虽然与其他领域比较起来相对年轻，但却与生活大有关联。从气象到证券市场，从量子到基因再到影像，都有概率论的参与。大约从20世纪70年代开始，数学重归自然，并与物理重新交融进入庞加莱时代。这么多年来，概率论与物理（特别是统计物理）的交融汇合，产生出若干新的分支学科。最具代表性的有随机场、交互作用粒子系统、渗流理论和测度值随机过程。数学与量子场论的交叉渗透，产生出"弦论""超对称"和"非交换几何"等新分支。作为概率论与统计物理的交叉，20世纪70年代出现了"随机场"和"交互作用粒子系统"，1982年出现了"渗流理论"等概率论或数学物理的新的分支学科。随机场和交互作用粒子系统是静态和动态的姐妹学科。这种无穷维数学促使人们重新考察有限维数学的可能用于无穷维的工具。在研究这些数学时所发展起来的耦合方法和概率距离等，已成功地应用于偏微分方程、几何分析和数学物理的多个领域。

概率论起源于中世纪的欧洲，那时盛行掷骰子，大家提出了许多有趣的概率问题。当时，法国的帕斯卡、费马和荷兰数学家惠更斯都对此类问题感兴趣，他们利用组合数学研究了许多与掷骰子有关的概率计算问题。20世纪30年代，柯尔莫哥洛夫提出概率公理化，随后概率论迅速发展成为数学领域里一个独立分支。随机现象背后隐藏着规律，概率论的一项基本任务就是揭示这些规律。概率是对随机事件发生的可能性大小的度量。必然要发生的事件的概率规定为1，不可能发生的事件的概率规定为0，其他随机事件发生的概率在0与1之间。例如，抛一枚匀质的硬币，出现正面或反面的概率均为1/2；掷一个匀质的骰子，每个面朝上的概率均为1/6。在这两个例子中，每个简单事件都是等可能发生的。一个复合事件（如掷骰子出现的点数是偶数）发生的概率，就等于使该复合事件发生场景数目与可能场景总数之比。

设 A 和 B 是两个事件，它们各自发生的概率为 $P(A)$ 和 $P(B)$，事件 B 关于事件 A 的条件概率为 $P(B|A)$，求事件 A 关于事件 B 的条件概率？由于 A 和 B 同时发生的概率为 $P(AB) = P(B|A)P(A)$，所以有 $P(A|B) = \dfrac{P(AB)}{P(B)} = \dfrac{P(B|A)P(A)}{P(B)}$。这就是18世纪中叶英国学者贝叶斯（Bayes，1702—1761）提出的"由结果推测原因"的概率公式，即著名的"贝叶斯公式"。

例如，假设有甲、乙两个容器，容器甲里有7个红球和3个白球，容器乙里有1个红球和9个白球，随机从这两个容器中抽出一个球发现是红球，问这个红球是来自容器甲的概率是多大？再如，假设有一种通过检验胃液来诊断胃癌的方法，胃癌患者的检验结果为阳性的概率为99.9%，非胃癌患者的检验结果为阳性（"假阳性"）的概率为0.1%。问检验结果为阳性者确实患胃癌的概率（即确诊率）是多大？如果"假阳性"的概率降为0.01%、0.001%和0，确诊率分别上升多少？用重复检验方法能提高确诊率吗？以上都是应用贝叶斯公式计算概率的典型例子。

统计学是一门具有方法论性质的应用性科学，它在概率论基础上发展出一系列原理和方法。它研究的是如何采集和整理反映事物总体资讯的数字资料，并依据复杂的资料对总体特征和现象背后隐藏的规律进行分析和推断。一般而言，统计问题可分为叙述统计和推理统计两大类。任何对数据的处理导致预测或推论群体的统计称为推理统计。反过来，如果只限于现有的数据，不准备把结果用来推论群体则称为叙述统计。例如，根据过去十年的数据统计每年来内蒙古旅游的人数，平均每人在内蒙古停留的时间，平均每人每天在内蒙古的花销，十年来某一年创最高纪录等都是叙述统计。但如果根据这些数据来预测明年的旅游人数，则属于推理统计。

　　统计学里的方法常常对应着人们的某种思维方式。由于人们有不同的思维方式，各有适用的时机，因此也就有不同的统计方法。这些方法的优劣，有时是可以比较出来的。概率及误差是统计思维的两大支柱，进而发展出统计思维里的几项要点，即善用资讯，了解变异，相信概率与合理估计等。统计学常常在进行预测和估计，本质上是在做以偏概全的事。虽偏却能概全，这是统计学家的本领。但如果样本实在太偏差，就没有代表性了。一个常见的条件是，各次取样要彼此没有关联，即这些样本应相互独立，而且还要分布相同。以估计匀质硬币出现正面的概率为例，不能每次投掷时只是往前轻轻一丢，这样每次大约都得到相同的面（不独立）。另外，每次所用的匀质硬币出现正面的概率也不能不同（分布不同）。

　　图 2-26 所示的德国著名数学家、物理学家、天文学家和大地测量学家约翰·卡尔·弗里德里希·高斯（Johann Carl Friedrich Gauss，1777—1855），曾研究误差理论。在一些假设下，他导出量测的误差有常态分布，因此常态分布又称高斯分布。德国的货币以前是马克，现在是欧元。德国 10 马克纸币上就印有高斯的人像。高斯在数学上有诸多重要成就，在 10 马克上陪伴高斯的正是常态分布的曲线。作为近代数学奠基者之一，高斯一生的成果极为丰硕，以其名字命名的成果达 110 个，属于数学家之最。

图 2-26　约翰·卡尔·弗里德里希·高斯

 拓展性习题

1. 证明 $\sqrt{2}$ 为无理数。
2. 简述"后微积分范式"。
3. 试述笛卡儿的"我思"与近代科学的数学化之间的关系？
4. 试述概率论是如何诞生的。
5. 简述向量在解析几何中的地位与作用。
6. 简述常微分方程的起源与发展。

2.4 离散数学

20世纪中叶以来，随着计算机的诞生及其对科学与社会日渐显现的影响力，离散数学的思想和方法迅速发展，展现出了更为多样和充满活力的知识形态。高速计算机可以出色地完成大量的重复运算，这使原先那些由于太过复杂而难以处理的问题都可以由计算机直接给出数值解。传统的数值方法（如有限差分法和有限元素法等）都必须要有网格才能计算，而网格的品质大大影响到计算结果，工作人员必须长时间接受训练才能顺利使用传统数值方法。在一些控制方程式具有基本解的问题中，可利用边界元素法降一维。三维问题只需在边界曲面上布设面元素。而二维问题只需在边界曲线上布设线元素，可以大幅地减少计算量。计算机的这一用途帮助所有的应用数学取得了相当大的成就，还深刻地改变了我们的数学观。冯·诺依曼提倡要让电子计算机变得更加有效率、快速且更有弹性。

作为对微积分范式的一种突破，离散数学超越了传统数学的知识界线，展现出了在数学本体论、认识论与方法论上的新的哲学特征。对某个初始值反复地将函数作用上去，从而得出一串数列。数学家最关心的是：这一串数列是否收敛到一个固定值，也就是定点或不动点是否存在的问题，这正是对于迭代法而言数学分析的核心。迭代法所构造出来的数列本质上就是等比数列，只是公比被推广为算子。如果函数较为复杂，可能导致传统的分析方法不适用。与计算机和信息科学的发展相得益彰，离散数学范式具有离散化、算法化、计算性、复杂性及与科学更为紧密的交互性等显著的当代科学革命特征，显现出学科知识群与复杂性科学等独特的意蕴。

处理函数问题是数学的主题，函数可分为连续型和离散型。定义在连续集上的函数属于连续型，而定义在离散点集上的函数就属于离散型。一个处处不连续的函数可以借由连续函数加上极限来刻画，从而创造出与经验直观相悖的函数。我们熟悉的数列是离散函数。对于连续型和离散型的函数，分别有微积分与差和分，更进一步有微分方程与差分方程。离散数学是数学中若干分支的总称，研究对象是基于离散空间的数学结构。离散数学的基本内容包括集合与数据结构、代数结构、计数理论、数值分析、数理逻辑、图论、自动机理论、递归函数、数论、组合数学、离散概率、计算群论、计算组合学、计算图论等。组合学者与其他领域的数学家有着不同的工作方式。在一般数学领域，研究者从理论出发，再找问题来应用理论，而组合学者恰恰相反，他们从具体问题出发，然后试图找到解决问题的方法。组合学重要想法出现的形式，通常不是精确陈述的定理，而是更具有广泛适用性的一般原则。困扰组合学的一大问题在于，它难以融入现有的数学理论。组合学者普遍希望获得主流数学的助力，让解题工具不局限于组合方法。首先，组合学者总尽可能地借用其他数学分支的工具。其次，在如今信息社会环境下，组合学的重要性毋庸置疑。要让计算机程序有效地运行，必须事先设计演算法，而其本质正是组合学。如今，组合学的地位大幅提升，不时引起其他领域的数学家关注。

四色问题就是一个典型的组合学问题。它的内容是：任何一张地图只用四种颜色就能使具有共同边界的国家着上不同的颜色。组合学的问题常常是先规定了一件要做的事，这件事通常很容易做到，而且有各种各样的做法，但同时加上了一些条件，如邻近的区域不得同色。现在有些做法符合条件，而有些不符合条件，问符合条件的做法有多少种？四色问题与费马猜想、哥德巴赫猜想，合称为世界近代三大数学难题。高速数字计算机的发明促使更多数学家开始对四色问题进行研究。计算机辅助证明是数学史上的大事。所证明的第一个大成果就是四色问题。从 1936 年就开始研究四色问题的海克，公开宣称四色问题可用寻找可约图形的不可避免组来证明。1970 年，美国伊利诺伊大学的哈肯着手改进"放电过程"后，与阿佩尔合作编制出一个很好的程序。1976 年 6 月，他们在美国伊利诺伊大学两台不同的电子计算机上用 1 200 个小时进行了 100 亿次判断终于完成了四色问题的证明，轰动了世界。四色问题的被证明不仅解决了一个历时 100 多年的难题，而且成为数学史上一系列新思维的起点。

离散数学不仅推动了传统数学的发展，而且催生了大量新的数学分支。可以预见的是，未来的数学发展必将使连续数学与离散数学获得更为紧密和高层次的结合。那时已出现了许多把两者结合起来的数学理论创新。例如，离散微积分、离散概率分布、离散傅里叶变换、离散几何、离散对数、离散微分几何、离散外微分、离散莫尔斯理论、差分方程、离散动力系统等。动力系统的理论被应用到非常广泛的领域，涵盖物理、生物、化学、工程、经济与医学等。但这些应用主要局限于常微分方程引发的有限维度动力系统。从 20 世纪 80 年代初期开始，类似的技巧系统地应用到偏微分方程引发的无限维度动力系统。在应用数学中，离散模型是连续模型的离散近似。在离散模型中，离散方程由数据所确定。使用递推、递归迭代等关系是这种建模的一般方法。

 拓展性习题

1. 简述离散数学的范式革命。
2. 试述 20 世纪以来数学发展的特点。
3. 简述函数概念的推广与发展过程。

2.5　非欧几何

毕达哥拉斯学派的困境促使古希腊人重新审视几何学。经过 300 年的努力，最终在公元前 300 年左右由亚历山大大学的欧几里得将几何学知识组织成公理演绎系统。亚历山大大学是希腊文化最后集中的地方，《几何原本》大概是亚历山大大学的一个课本。欧几里得的《几何原本》以五大公设作为演绎后续几何命题的基础。这五大公设分别是：两点决定（唯一的）一条直线；线段可以延长；以任意点为圆心，任意长为半径，可以作一圆；凡直角皆相等；过线外一点，恰有唯一的一条平行线。在欧几里得之后的许多数学家，都曾尝试证明第五公设是一个定理，而不是不证自明的公设。公理是指在任何数学学科里都适用的不需要证明的基本原理，公设则是几何学里的不需要证明的基本原理。近代数学则对此不再区分，都称为"公理"。《数学确定性的丧失》的作者莫里斯·克莱因认为，欧几里得《几何原本》中的第五公设让许多数学家困扰的原因在于其叙述方式，而不是其正确性。

这五大公设中，由于第五公设的内容和叙述比前四条公设复杂，因此引起后人的不断研究和探讨。因为前四条公设都可以用《几何原本》中的其余公设、公理和推论证明，而人们始终相信欧氏几何是物理空间的正确理想化，所以众多数学家就尝试用前 4 个公设、5 个公理以及由它们推证出的命题来证明第五公设。从公元前 3 世纪一直到 18 世纪，整个数学体系已经初具雏形。继解析几何和微积分诞生之后，新的数学分支纷纷脱颖而出，无数困难问题得以解决。许多数学家创立了复杂艰深的数学理论，但是人们在看上去极其简单的第五公设问题面前却一筹莫展。法国数学家达朗贝尔在 1759 年无奈地宣称："第五公设问题是'几何原理中的家丑'"。在达朗贝尔之后，无数数学家开始向第五公设发起冲锋，试图将它攻陷。

第五公设问题到了高斯手里，才算取得了突破性成就，高斯 15 岁的时候就饶有兴致地思索起这个困扰数学界近 2 000 年的难题。他亲自进行实地测量，讨论人们生存的空间是否存在有非欧几何性质的可能性，试图用新的几何思想来解决第五公设难题。1813 年，高斯已经形成一套关于新几何的思想，他称之为"反欧几里得几何"，后来又改称为"非欧几里得几何"。并且坚信这种新几何在逻辑上也是相容的，且有广阔的应用前景。但高斯是一个较为保守和谨慎的数学家，他也担心那些顽固分子会对这一发现展开攻击，所以生前并未公开发表这一成果。

数学家鲍耶（Bolyai，1802—1860）和罗巴切夫斯基（Lobachevsky，1792—1856）推翻了以往数学家认为第五公设可以从前面 4 个公设推出的想法。他们发现了一种新的几何，满足前 4 个公设，但是过线外一点，可以有多于一条的平行线。鲍耶和罗巴切夫斯基所发现的新几何正是所谓的"非欧几何"。1823 年，鲍耶的父亲将儿子撰写的长达 26 页的论文《关于一个与欧几里得第五公设无关的空间的绝对真实性的学说》交给老同学高斯审阅。但高斯的回应对父子二人来说犹如晴天霹雳。高斯表示，自己并不能称赞，因为称赞他就等同于称赞自己，因为这些成果与自己 30 年前思考的结果相同……年轻气盛的鲍耶坚信高斯剽窃了他的成果，这件事沉重打击了鲍耶对数学的热情。

第五公设问题到了罗巴切夫斯基手里才算得到初步解决。他用与第五公设相反的断言：通过直线外一点，可以引不止一条而且至少是两条直线平行于已知直线。把它与欧氏几何的其他公设相结合，然后约定这个断言为公理。若这个假设与其他公设不相容，则得到第五公设的证明，由此出发进行逻辑推导可得出一连串的新几何学定理，形成一个逻辑上没有矛盾的理论，这就是高斯遗稿中关于"非欧几何"的内容。罗巴切夫斯基公理系统和欧几里得公理系统的不同仅仅在于第五公设，罗巴切夫斯基用"通过直线外一点，可以引不止一条而且至少是两条直线平行于已知直线"来代替，其他都与欧氏几何相同。也就是说，凡是不涉及第五公设的几何命题，在欧氏几何中是正确的，在罗氏几何中也是正确的；凡是涉及第五公设的几何命题，在罗氏几何中都有新的具体意义。

非欧几何与欧氏几何虽然结果不同，但它们都是无矛盾的几何学。非欧几何甚至还可以在欧氏几何的某些曲面上表现出来。非欧几何的产生打破了几何空间的唯一性，反映了空间形式的多样性。1854 年，黎曼发表了就职论文《论函数之以三角函数表示的可能性》与《论几何基础之假设》。在第一篇论文中将可积性同连续性相区分，在第二篇论文中创建出全新的几何体系，让纵横 2 000 年的欧氏几何从绝对真理变成特例。黎曼提出的全新的几何思想，是经过严密逻辑推理而建立起来的新几何体系。这种几何否认"平行线"的存在，是另一种全新的非欧几何。自此，非欧几何里的两大支柱罗氏几何和黎曼几何诞生，欧几里得留下的第五公设难题也被完全解决。丘成桐教授曾这样讲述几何学的发展：

毕达哥拉斯开启先河，欧几里得、笛卡儿为牛顿奠基，高斯、黎曼引领出张量分析及爱因斯坦的广义相对论，其后有规范场论、杨-米尔斯理论、弦论、卡拉比-丘空间，如今几何学在图论及计算机科学中被广泛应用。

拓展性习题

1. 简述非欧几何的知识模式。
2. 试述微积分与西方文明之间的关系。

2.6 非交换代数

19 世纪之前，代数学涵盖的范围都只是寻找四次以下的多项式方程式的解。虽然从公元前 1700 年的古巴比伦人们就开始使用代数，会解二次多项式，但代数成为一门学问要始于中世纪阿拉伯数学家花拉子米。花拉子米有两部数学著作传世，第一部只有拉丁文译本，书名为《花拉子米算术》，其中介绍了印度传入的十进位值制记数法和以此为基础的算术知识。现代数学中的"算法"（algorithm）一词来源于这部著作的书名。公元 824 年，花拉子米写成《移项与消去之计算总成》，其中"移项"一词的拉丁翻译"algebra"就是代数一词的起源。

"非交换代数"的发明最初来自对数系扩张的要求。复数的引入使方程求解和数的几何表示进一步丰富。在几何上，复数通过将水平轴用于实部，将垂直轴用于虚部，将一维数线的概念扩展到二维复平面。虚数单位 $i = \sqrt{-1}$ 的出现可溯源于 15 世纪时求解三次方程，但到 18 世纪的欧拉时代，仍称之为想象的数。在物理学领域，一直认为能够测量的物理量只是实数，复数是没有现实意义的。牛顿力学中的量全都是实数量，到了量子力学领域就必须使用复数量。到了 19 世纪，经过柯西、高斯、图 2-27 和图 2-28 所示的波恩哈德·黎曼（Bernhard Riemann，1826—1866）和卡尔·魏尔斯特拉斯（Karl Weierstrass，1815—1897）的努力，数学界才正式接受了复变函数理论。

图 2-27　波恩哈德·黎曼

图 2-28　卡尔·魏尔斯特拉斯

1797 年，维塞尔在坐标平面上引入虚轴，以实轴和虚轴所确定的平面向量表示复数，并且还用几何术语定义了复数和向量的运算。1806 年，阿甘德将复数表示成三角形式，并且把它与平面上线段的旋转联系起来。高斯在证明代数基本定理时应用了复数，还创立了高斯平面。在复数与复平面上建立了一一对应，并首次引入"复数"这一名称。他们的工作主要是建立复数的直观基础。到了 18 世纪，复数理论已经比较成熟，人们很自然地想到了这样的问题：复数系还可能扩张吗？是否可以找到一个真包含复数系的"数系"？它们继承了复数系的运算和运算律。能否进一步构造一个包含复数系的新数系，且使原来的运算性质全部保留下来？18 世纪末，高斯所证明的"代数基本定理"（即任意 n 次复系数方程至少有一个复数根）明确无误地宣告了"此路不通"。寻求新数系的一个自然途径便是设法建立"三元数系"，而三元数系应当承袭复数系的运算律。数以千计的失败经历给数学家们带来了意外的收获：他们终于敢于设想，三元数系可能是不存在的；同时，为了建立新的"多元数系"，可能不得不放弃某些运算性质。

新的多元数系——四元数系的发现者是图 2-29 所示的英国数学家威廉·哈密尔顿（William Hamilton，1805—1865）。他最初也设法寻找满足乘法交换律的三元数。哈密尔顿明白复数可视为平面上的一个点，他一心想将这个概念延伸至三维空间。在三维空间中，每一个点可由其坐标表示，即 3 个有序数 (a, b, c)。哈密尔顿明白这些点的加法与减法运算，但一直不明白该如何计算乘法与除法。1843 年 10 月 16 日，哈密尔顿刚好散步走过勃洛翰桥，头脑中正试图寻找三维空间复数的类似物，突然发现自己被迫要作两个让步：第一，他的新数要包含 4 个分量；第二，他必须牺牲乘法交换律。这两个特点都是对传统数系的革命。哈密尔顿增加需要定义特殊乘法规则的生成元个数，将复数再次推广以定义比复数还复杂的数系。他当场拿出笔记本，记下了这一划时代的结果。为纪念四元数的发明者哈密尔顿，四元数也被称为"哈密尔顿四元数"，其出现意味着传统观念下数系扩张的结束。

图 2-29　威廉·哈密尔顿

四元数是复数的不可交换的延伸。如果把四元数的集合考虑成多维实数空间，四元就代表一个四维空间，相对于复数为二维空间。作为用于描述现实空间的坐标表示方式，哈密尔顿创造了三维的复数，并以 $a + bi + cj + dk$ 的形式说明空间点所在位置。其中，a、b、c、d 是实数，1，i，j，k 是生成元。每一个四元数是单位元素 1，i，j，k 的线性组合。i、j、k 作为一种特殊的虚数单位参与运算，满足 $i^2 = j^2 = k^2 = -1$。

四元数所形成的集合，记为

$$H = \{a + bi + cj + dk \mid a,\ b,\ c,\ d \in \mathbf{R},\ i^2 = j^2 = k^2 = -1\}$$

可以将其视为一个定义于实数的四维向量空间，其基底为 $\{1,\ i,\ j,\ k\}$。这个性质表明四元数与矩阵之间存在某种关系。四元数与复数乘法的最大差异在于四元数乘法不满足交换律。这样，对于四元数而言，就有了左乘和右乘的区别。四元数不是一个域，它是不可交换环。除了交换律之外，经常使用的结合律和分配律在四元数内都是成立的。四元数的乘法运算具有非交换性。我们熟悉的古希腊三大几何难题，即尺规作图问题，分别是方圆问题（作一个正方形使其面积等于给定圆的面积）；倍立方问题（作一个立方体使其体积等于给定立方体的体积的两倍）；三等分角问题（将任意给出的一个角三等分）。尺规作图的规定是：只能用没有刻度的直尺与圆规，并且在有限步骤内完成作图。直到 19 世纪，这三大几何难题才通过代数学的理论全部被否定地解决了。19 世纪以来，随着群、环、域等代数结构思想的成熟，代数学才从传统的方程理论转向了对于结构的研究。代数结构的思想无疑成为 20 世纪初布尔巴基结构主义的基石。

拓展性习题

1. 简述非交换代数的知识模式。
2. 试述实数完备性理论。
3. 乘积可交换矩阵一定有公共的特征向量吗？
4. 试述实对称矩阵一定能正交对角化的缘由。
5. 试述正定二次型与正定矩阵的重要性。

第3章 无穷的悖论

3.1 实无穷与潜无穷

约公元前 400 年，当时的世界仍由神话和宗教统治着。我国春秋末期的思想家、哲学家、文学家和史学家老子曰："万物生于有，有生于无。"战国时期伟大的思想家、哲学家、文学家庄子在《庄子·天下》中曰："至大无外，谓之大一；至小无内，谓之小一。"一端是无穷大，而另一端是无穷小。古希腊时期，许多伟大的哲学家如亚里士多德、柏拉图、苏格拉底与毕达哥拉斯横空出世，为西方哲学打下了扎实的基础。古希腊文明对人类的一个突出贡献，就是将人类对世界的认识从神话观转变成科学观。他们发现了一个不受人类控制、独立于人类、令人惊奇的外部世界。归谬法是古希腊文明的独创，是论证与思考的利器，辩证法也在古希腊时期达到了空前的繁荣。古希腊人开始用自然的原因来解释自然现象，并用理性的逻辑论证方法来建构科学理论，最终接受实验的检验。演绎数学作为古希腊所开创的数学范式，其基本观念在柏拉图和毕达哥拉斯学派的数学世界中达到了顶点。

柏拉图将感官世界视为虚幻的影子，认为理念世界才是真实的世界。毕达哥拉斯学派在离散的数学观下，认为线段是有穷可分割的，点的长度大于零，任何两条线段皆可共度，有理数就够几何度量之用。毕达哥拉斯学派信心满满地宣布：万物皆整数。他们坚信宇宙间万事万物都可以用整数以及整数的比值来描述。把符合毕氏定理 $a^2 + b^2 = c^2$ 的正整数解 (a, b, c) 称为毕氏数。毕氏数中蕴藏着许多美妙的数学规律。当 a、b、c 的最大公因数等于 1 时，我们称其为互质毕氏数。所有的互质毕氏数被称为欧几里得家族。欧几里得用几何的方法得到所有的互质毕氏数。图 3-1 所示的古希腊数学家、哲学家、爱利亚学派的战士芝诺（Zeno，约公元前 490—公元前 425）正是其中一位思想者，他认为这个宇宙"一切皆一"。就是说一切所谓事物的多样性和变化只是我们的一个幻觉，从古至今整个宇宙都只有一个整体，并且永恒不变、不可分割。苏格拉底、柏拉图对巴门尼德与芝诺敬爱有加。芝诺提出各种论述显示无穷步骤会产生各种矛盾。他由一种激怒常识的方式，将老师巴门尼德奠定的思想推进到底。他发展出一套机敏又有些过火的论证艺术，并成为归谬法的发明人，还是辩证法和诡辩术的创始鼻祖。为了帮助他的老师，芝诺设想了一场古怪的比赛：在一条无限长的跑道上，古希腊最快的飞毛腿阿基里斯和一只乌龟在起跑点上进行比赛。骄傲的阿基里斯不屑地看着乌龟说："为了避免大家说我堂堂的飞毛腿欺负你一只小乌龟，我可以让你先走 1 米。"枪声一响，阿基里斯奋起直追，并且只用了很短的时间便追赶上了乌龟。然而他发现在他追赶乌龟的这段时间里，乌龟又慢吞吞地往前爬了 0.1 米。于是他又用更短的时间追上了乌龟，乌龟又往前爬了 0.01 米……就这样，虽然阿基里斯追赶乌龟的时间越来越短，可是由于每一次乌龟都会再往前那么一点点，而使阿基里斯与乌龟的距离只会越来越短，而永远无法超越它。换句话说，乌龟会造出无穷多个起点，而它总能在起点和自己之前拉开一个距离。无论这个距离有多小，都需要阿基里斯不断地花时间去追赶。

图 3-1 芝诺

尽管结论听上去很荒谬，但是这在当时确实让整个哲学界一片哗然，以当时人们对于自然科学的认知，这根本就是无解的命题。在一般人看来，阿基里斯毫无疑问可以迅速地超过乌龟，可是就是无法解释这个莫名其妙的悖论。这个悖论就这样流传了下来，由于涉及人们无法探知的领域——无限，芝诺和他的宠物龟甚至间接地引发了第二次数学危机。芝诺的辩证法论证在柏拉图的《巴门尼德篇》中有很好的描述。苏格拉底也说过："芝诺所主张的基本上与巴门尼德相同，即一切是一，但由于绕了一个弯子就想欺骗我们，好像他是说了一些新的东西。例如，巴门尼德在他的诗里指出，一切是一，而芝诺便指出，多不存在。"从表面来看，芝诺是在论证运动现象的矛盾性，但事实上他是在质疑事物的连续性与离散性。对于线段、时间或空间而言，不论是作无穷的可分割还是有穷的可分割，都会产生矛盾。芝诺提出这个悖论，绝不是为了证明阿基里斯追不上乌龟，而是以一种类似于"归谬法"的方式向世人表明：世界上存在着多和动，有前提才有结论。

从公元前 6 世纪开始，几何线段的度量问题与求积问题使古希腊人遇到了"无穷"。许多求积问题都需要涉及无穷步骤，无穷步骤之后会引出无穷小、无穷大、无穷地靠近、连续和收敛等一系列概念。古希腊人在解决问题的过程中产生了许多矛盾，从而导致不能有效解决问题，因此他们对无穷产生了巨大的恐惧。庄子曰："吾生也有涯，而知也无涯。以有涯随无涯，殆已！"这就是古人面对无穷的困境。无穷起源于古代人的直觉，后来经过思维加工而逐步形成数学中的潜无穷和实无穷概念。无穷这个概念只是潜在性地存在于人们的感官认知中，并不是一个实体。亚里士多德不认为他的主张会影响数学家的工作，因为他们并不需要无穷，也不必使用它。事实上，亚里士多德的看法已经影响了许多后世数学家处理无穷时的态度。从古希腊时代起，哲学家和数学家逐渐分裂成潜无穷派和实无穷派。实无穷派以莱布尼茨、罗素、希尔伯特以及现代柏拉图主义者为代表。潜无穷派则以亚里士多德、高斯、克罗内克、布劳威尔以及现代直觉主义者为代表。图 3-2 所示的实无穷论者乔治·康托尔（Georg Cantor，1845—1918）是德国数学家，19 世纪数学伟大成就之一集合论的创立人，他也是数学史上最富有想象力的数学家之一。他曾说过："我的整个身体与灵魂都因数学的呼唤而活。"康托为了追求无穷，研究了整体与部分之间的关系。他创立的集合论在数学界引起了激烈的争论。

图 3-3 所示的德国数学家、近代抽象数学的先驱尤利乌斯威廉·理查德·戴德金（Julius Wihelm Richard Dedekind，1831—1916）和康托尔都是实无穷论者。作为高斯的学生，戴德金首先提出："如果一个集合至少有一个与其一一对应的真子集，则称为无穷集"。关于无理数，戴德金用两边包抄的方法，将有理数分为两类：一类是非正的有理数及二次方小于 2 的正有理数，另一类是二次方大于 2 的正有理数。于是就想象在大于与小于之间有一个等于，用此创造出一种二次方等于 2 的新数出来。康托尔认为数学要取得进展，必须肯定实无穷的合理性。他写道："任一潜无穷都必然导致超限，离开了后者，潜无穷是无法想象的。"他还强调：任何变量的域，无论是代数、数论还是分析，都必须看成是实无穷。实无穷论者是把无限看作一个已经生成了的现实对象。但是，任何潜无穷过程都具有相应的实无穷对象。而任何实无穷对象，都是潜无穷过程中的一个环节或终结。

图 3-2 乔治·康托尔　　　　图 3-3 尤利乌斯威廉·理查德·戴德金

 拓展性习题

运用戴德金切割证明 $0.\dot{9}=1$。

3.2 非标准分析

数学家追寻无穷，共得到了四项伟大的成就：微积分、集合论、哥德尔不完备定理及非标准分析学。其中，微积分的创立花费的时间最为长久。早在微积分学的初创时期（17

世纪），人们就注意到这门学科的基础问题。牛顿和莱布尼茨都曾使用过无穷小，尤其是莱布尼茨及其跟随者，他们在一阶和高阶无穷小的基础上发展出了微积分理论。他们完全允许引进无穷小和无穷大，而且把它们看作类似于虚数的理想元素，而这些理想元素服从于普通实数的定律。他们所用的记号，被人们在欧洲被广泛采用。这些记号的优越性促进了当时微积分理论在欧洲迅速发展。

微积分发明之初，人们经常利用与实数相矛盾的无穷小进行计算，以得到正确的结果。例如微商和积分等概念，都需要借助实数中并不存在的无穷小来表述。这时进入微积分的无穷大和无穷小，仅仅是一个变化着的量。1734 年，图 3-4 所示的英国的主观唯心主义哲学家乔治·贝克莱（George Berkeley，1685—1753）主教，发表文章攻击无穷小理论说："不论你通过有限的元素和比例得到什么结果，它们都应被归功于流数。那么什么是流数呢？消逝增量的速度。这些消逝的增量又是什么呢？它们既不是有限量，也不是无穷小，又不是零，难道我们不能称它们为消逝量的亡魂吗？"

图 3-4　乔治·贝克莱

针对这样的批评，牛顿在他的物理学革命经典《自然哲学的数学原理》中试着回应道："也许人们会反对说，消逝的量不存在最终比；因为这些量消逝之前的比不是最终的，而当它们消逝了，就没有了。但用同样的论证可以断定，一个到达某一位置并在那里停止的物体没有最终速度；因为在物体到达该位置之前速度不是最终的；当它到达之后，不存在速度。答案是简单的；因为最终速度是指物体借以移动的速度，既不是在它到达最终位置运动停止之前也不是在以后，而是在到达的瞬间。""以同样的方式，消逝的量的最终比要被理解成既不是这些量消逝前也不是消逝后的比，而是它们借以消逝的比。"牛顿似乎觉察到他自己使用"极限"计算流数时所涌出的想法：存在一个在运动结束时可以达到但不能超过的极限。这就是最终速度。对所有开始产生或结束的量和比也有类似的极限。这些量借以消逝的最终比不是真正的最终量的比，而是这些无穷减少的量的比始终收敛趋向的极限，它们比任何给定的差都更靠近这一极限，但永远不会超过，并且在这些量无穷变小时也不能达到。

美国数学家、逻辑学家亚伯拉罕·鲁滨逊（Abraham Robinson，1918—1974）把莱布尼茨视为非标准分析的真正先驱者。但是，这个理论却存在着显著的内在矛盾——有时把无穷小看作非零而作除数，有时又把它看作零而舍去。局限于当时的条件，这个矛盾一时还不能彻底解决，难免受到攻击。鲁滨逊对数学史和数学哲学都有浓厚的兴趣。1960 年，鲁滨逊利用现代数理逻辑的概念和方法，开创了一门新兴的数学学科。他证明了实数结构 $\mathbf{R}$ 可以扩张为包含无穷小与无穷大数的结构 $^*\mathbf{R}$，而 $^*\mathbf{R}$ 与 $\mathbf{R}$ 在一定意义下具有相同的性质。更确切地说，他用模型论的方法给出了包括经典数学分析(又称分析学，也称标准分析)在内的 **R** 的完全理论的非标准模型 ***R**，圆满地解决了莱布尼茨的无穷小问题。

传统采用极限论证法的分析学，叫作标准分析学。魏尔斯特拉斯透过实数系的建构以及极限的 $\varepsilon-\delta$ 语言，建立了微积分的标准模型。在普林斯顿大学作报告时，鲁滨逊指出："运用现代数理逻辑的方法，可以使无穷大和无穷小作为一个数而进入微积分。"1960年，鲁滨逊用数理逻辑的模型论来研究微积分，建立出非标准模型。1961年，鲁滨逊在荷兰阿姆斯特丹皇家科学院学报上发表一篇论文《非标准分析》。狭义地说，利用 **R** 和 ***R** 的互相转换来研究数学分析的方法叫作非标准分析。通常，凡是对某类数学物件用类似于上述的扩张来进行的研究都称为非标准分析。现在这种方法(称为非标准方法)已成功地应用于数学的各个分支。鲁滨逊解决了莱布尼茨留下的难题：无穷小论述的矛盾。

19世纪中叶后不久，魏尔斯特拉斯指明如何不借助无穷小而建立微积分学，从逻辑上来看终于使微积分学稳固了。当魏尔斯特拉斯建立极限的 $\varepsilon-\delta$ 定式，宣布无穷小为非法后，数学家们经常私下使用无穷小来思考，再用极限写出来。

我们称 ***R** 中的元素为超实数，除包含普通实数外，还包含无穷小(绝对值小于任何正实数的数)、无穷大(绝对值大于任何正实数的数)和有限超实数(绝对值小于某一正实数的数)。对超实数和对实数一样，可以施行加、减、乘、除等运算，而且适合实数的各种运算法则(如加法和乘法的结合律与交换律等)；还可以按大小顺序排列在一条几何直线上。表示超实数系的直线称为超实数轴。超实数轴上，表示有限超实数的范围称为主星系。此外，还有无限多个星系，它们中的每个点都对应一个无穷大，而且每个星系中的任何两个数都相差一个有限数。普通实数轴上的每个点，对应超实数轴上主星系上的一个单子。每个单子内的任何两个超实数之差是一个无穷小，而且这些无穷小具有无限多个不同的阶。就有限数范围而言，每个单子内恰包含一个普通实数，称为标准数。不是普通实数的超实数称为非标准数。如果两个超实数 α 与 β 相差是一个无穷小，就称 α 无限接近于 β。每个有限超实数 α 无限接近于一个标准数 a，也就是说 $\alpha=a+\varepsilon$，其中 ε 是一个无穷小。只有0既是标准数，又是无穷小。

在 ***R** 上所建构的分析学就是非标准分析。标准分析中所能够证明的定理，在非标准分析中也能够予以证明。标准分析在推理论证中总是依赖于极限论，先逐步近似后取极限。在非标准分析中，无穷大与无穷小等非标准实数都直接参与运算。非标准分析在严格的数学基础上，恢复了莱布尼茨的无穷小方法。这个方法无论在描述概念，还是定理证明方面都显示出了优越性。后来，卢森堡用超幂方法构造了非标准模型，之后又构造了多饱和模型。微积分的基础像极限的 $\varepsilon-\delta$ 定义、收敛与发散概念的确立、实数系的建构与完备性的证明等，直到1880年左右才真正完成。非标准分析发展快速，现在已成功应用到许多方面，如点集、拓扑学、测度论、概率论、微分方程、代数数论、流体力学、量子力学、理论物理和数理经济等。

 拓展性习题

1. 简述非标准分析的逻辑建构。
2. 简述朴素极限思想的萌芽。
3. 试述极限概念的严格化历程。

3.3　波尔扎诺与《无穷的悖论》

图 3-5 所示的捷克哲学家、数学家伯纳德·波尔扎诺（Bernard Bolzano，1781—1848）出生于布拉格的旧城广场旁。他是一个接受经院哲学教育的天主教神父，也是最早将严格的概念引进数学分析的拓荒者之一。1800 年大学毕业后，波尔扎诺不顾父亲的反对转往神学领域的研究，但却同时着手撰写与几何相关的博士论文。1804 年波尔扎诺拿到博士学位，第二天就被任命为罗马天主教廷的神父。隔年，波尔扎诺进入哲学系任教，1818 年当选为系主任。他对函数性质进行了分析，在图 3-6 所示的法国数学家、物理学家和天文学家奥古斯丁·路易斯·柯西（Augustin Louis Cauchy，1789—1857）之前首次给出了连续性和导数的恰当的定义。他对序列和级数的收敛性提出了正确的概念，并首次运用了与实数理论有关的原理。他正确地理解了连续性和可微性之间的区别，在数学史上首次给出了在任何点都没有有限导数的连续函数的例子。

图 3-5　伯纳德·波尔扎诺

图 3-6　奥古斯丁·路易斯·柯西

波尔扎诺的主要数学成就涉及分析学的基础问题，他对建立无穷集合理论也有重要见解。在《无穷的悖论》中，他坚持实无穷集合的存在性，强调两个集合的等价概念（即两集合元素间存在一一对应），注意到无穷集合的真子集可以同整个集合等价。

历史上首先确认无穷在数学中真正地位的，正是 19 世纪兼具数学家、神学家与哲学家身份的波尔扎诺。他研究的领域涵盖宗教、哲学与数学，其著作《无穷的悖论》直到他死后三年，也就是 1851 年才问世。这本书共分 70 节，前 28 节是名词定义与概念介绍，后面则针对一些令人困惑的无穷的悖论，提出解决之道并涉及分析学的基础。在该书的开篇，波尔扎诺就提出了他对于无穷存在性的看法。他认为，"即使在一个真实性与可能性都被存疑的领域中，无穷集合的存在仍是最毋庸置疑的。例如，所有数组成的集合就是一个无穷实际存在的最佳范例"。这句话一个值得注意的重点，是他明确地提出集合这个概念。就是在集合这个概念基础上，波尔扎诺建构起他关于无穷的"大厦"。他对于集合的定义如下：若一个聚集之基本概念无关于其成员之排列次序，且其重组不会产生基本变异，则称为集合。波尔扎诺的集合定义，强调成员的重组不会产生基本变异。这比起现代集合论中对集合的定义更为严谨。

波尔扎诺在书中明确指出:"在数学领域中所碰到的悖论,如凯斯特诺所言,或多或少都直接与包含无穷概念的命题有关,或者至少某些方面在所尝试的证明中依赖无限概念。……这就是我自己在这本书中专门讨论无穷悖论的原因。"在《无穷的悖论》一书中,波尔扎诺将无穷概念区分为离散无穷(所有整数的集合)与连续无穷(所有实数的集合)。通过这种区分,波尔扎诺说明了连续无穷具有一对一对应与部分–整体关系的双重性格。

波尔扎诺以 [0,5] 与 [0,12] 两区间为例,虽然前者很明显包含于后者,但这两区间内彼此间的数字都可以作一对一的对应(将前者乘以 12/5 或将后者乘以 5/12)。这种一对一对应与部分–整体共存的矛盾,也正是当初困扰伽利略的原因。但波尔扎诺主张:我们的错误在于只将注意力摆在几何比例,以后必须更加注意两者各自的属性,尤其是算术的差距。他给出高阶无穷量的定义,用以区分无穷的大小。波尔扎诺的这些见解对于后续集合论创始人康托尔处理无穷产生相当深远的影响。虽然波尔扎诺的观点已明确指出,数学分析特别是微积分严格化的方向,但却与主流数学界相隔离。他的著作多半被同时代的人忽视,许多成果等到后来才被重新发现。

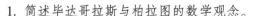

拓展性习题

1. 简述毕达哥拉斯与柏拉图的数学观念。
2. 什么是数学的本质?
3. 简述无穷小在微积分中的地位与作用。

3.4 分形与混沌

为什么几何经常被描述成是"冷的"或是"干的"呢?原因在于它无法描绘一朵云、一座山、一条海岸线或是一棵树的形状。云彩不是球体、山不是锥体、海岸线不是圆、树皮不是圆滑的。即使是光也不是沿直线传播的。

许多自然界的模式与欧几里得几何相比非常不规则,而且是零碎的。实际上,所有自然模式长度等级的数目是无穷的。这些模式的存在促使我们去学习、研究被欧几里得看成是"杂乱的"而抛弃到一旁的形状,进而研究这些"无定形"的形态学。然而,以前的数学家们对这一挑战不屑一顾。他们把理论设计成与我们看到的或感觉到的自然无关的东西,从而逃避自然。人们从拉丁语的形容词"碎云的"(Fractus)一词出发,杜撰了新词"分形"(Fratal)。对应的拉丁语动词 Frangere 意为"打碎……以创造不规则的碎片"。从这些词的含义中我们可以感觉到——这正是我们所需要的——除了"打碎"之外,Fractus 应该还有"不规则"的含义。上述两个含义都包含在 Fragment 这一单词中。

3.4.1 柯克曲线

从 19 世纪初开始,人们把数学作为一种分析和逻辑的学科来研究。到 19 世纪末,研究产生了数学动物园中的许多怪物。例如，连续但不可导函数。在力学方面，作为对太阳系稳定性的检测实例的三元体问题仍没有得出稳定解，而且庞加莱通过分析它的部分解发现了一个非常复杂的结构。从分析到几何的观点转换，向数学家们展示了数学也出现了与现实世界相似的混乱状态。这些数学的怪物好像正在守卫着一个崭新、强大的数学对象的阿拉丁的宝库，计算机的使用使我们得以进入这一宝库，计算机成了基于算法的新型数学的实验装置。与此同时，计算机的使用所带来的发现又加深了我们对分析的理解，并且使我们认识到数学家们所熟悉的"简单"系统实际上只是冰山的一角。

分形几何的创始人是法国数学家蒙德尔布罗（Mandelbrot），他的研究从 1951 年开始，并于 1977 年凭借著作《大自然的分形几何》达到顶峰。本节从"海岸线的长度问题"引入，介绍了"分形与混沌"这个近几十年发展起来的新兴学科及其中的数学思想。

《英国的海岸线有多长?》正是在 1967 年《科学》杂志上发表的一篇划时代文章的标题，它的作者蒙德尔布罗是法国的一位杰出数学家，当时在纽约约克敦高地 IBM 公司的沃特生研究中心工作。问题乍看似乎很简单，利用地图或者航空测量就可以得到令人满意的答案。但研究出的结果令人意外：根本没有准确的得数！

他的分析如下：

"事实上，任何海岸线在某种意义上都是无穷的长，从另一种意义来说，答案取决于你所用的尺子的长度，如果用 1 km 长的尺子沿海岸线测量，小于 1 km 长的那些弯弯曲曲就会被忽略掉。若用 1 m 的尺子，会得出较长的海岸线，因为它会捕捉到一些曲折的细部；反之，若用一种在卫星上观察的方法，一定会得出较短的海岸线长度；再反过来，从蜗牛爬过每一个石子来看，这条海岸线必定长得吓人。

或许有许多人会认为不断增加的海岸线长度最后会收敛于一个特定的最后数值，即海岸线的真正长度。可是，假如海岸线是一种欧几里得图形，如直线，那是可能的。由小线段不断地取更小的线段可以真正地收敛于圆周或线段的长度。事实上，随着测量尺度的变小，测出的海岸线长度无限地增大。小湾内有小湾，小半岛之外有小小半岛，直到原子的尺寸方才达到终点，而那里的尺寸是无限的复杂。"

蒙德尔布罗采用瑞典数学家柯克（Koch）1904 年发现的一种曲线——柯克曲线，作为思考海岸线问题的数学模型。

柯克曲线也叫雪花线，这个曲线构造方式比较特别：在平面上取一个边长为 1 的正三角形，在每一个边上以中间的 1/3 为底向外侧作一个小的等边三角形，再把原来边上中间的 1/3 部分擦掉，就形成了一个很像雪花的六角星。在新曲线的每条边上重复刚才的作图方法，无限地继续下去，得到的极限图形就是柯克曲线，如图 3-7 所示。

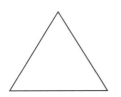

图 3-7 柯克曲线

柯克曲线显然与欧几里得几何中的任何曲线图形都很不一样。这条曲线有一个特点，那就是局部有整体的相似性。这是分形几何中一个重要的概念：自相似性。即取分形图形的任一部分进行适当放大，仍可得到跟原来整个图形相似的图形。

现在测量一下柯克曲线的长度。第一次用长度为 1 的尺子去量，曲线的长度为 $1\times3=3$；第二次用长度为 $\frac{1}{3}$ 的尺子去量，曲线的长度为 $\frac{1}{3}\times12=4$；第三次用长度为 $\frac{1}{9}$ 的尺子去量，曲线的长度为 $\frac{1}{9}\times48=\frac{16}{3}$。这样继续下去，当测量尺子每次缩短为原来的 $\frac{1}{3}$ 时，测量的周长就会扩大为原来的 $\frac{4}{3}$ 倍。当测量进行 n 步之后，测得的周长就是 $3\times\left(\frac{4}{3}\right)^n$，柯克曲线的长度是一个无穷大，而它所包围的面积是一个有限数（等于原三角形的面积的 1.6 倍）。一块有限的面积具有无穷长的边界，蒙德尔布罗认为这种奇怪的现象是由边界曲线的"无限曲折"引起的。正是通过对"无限曲折"进行研究，蒙德尔布罗给出分数维数的概念。

根据经验可知：点是零维的，直线是一维的，平面是二维的，我们居住的空间是三维的。如果根据相对论，把时间和空间作为同等处理，那么我们居住的空间就是四维的。所有这些经验的维数是整数。我们在几何中遇到的曲线是一维的：在直线和圆上活动的生物只能沿着一个方向运动（假如把向后运动看成是负的向前运动）。通常的几何曲面或球面是二维的：上面有 2 个独立的运动方向，一般用向前/向后与向左/向右表示。立体的物体是三维的，允许 3 个方向的运动。火车提供了一维运动的例子，船可以在海面上做二维运动，而飞机能做三维运动。针对各种实际应用可以考虑更高维的"空间"，但注意这里所说的"高维"，仍然是整数维。

柯克曲线的每一条近似曲线都是一维图形，但作为极限的柯克曲线却不能这样用"方向"来确定维数，其"方向"改变了无限次，需要寻找其他与方向无关的途径去建立这类曲线的维度概念，蒙德尔布罗利用一条关键的性质——自相似，即整体与部分相似，并通过与整数维作类比，成功得到柯克曲线这类几何图形的维数，发现它们是一些分数。

根据相似性，现在看线段、正方形和立方体的维数。如果把图 3-8 中的各图形的边分成 2 等份，则线段是原线段一半长度的两个线段之并，正方形是边长为原来边长 $\frac{1}{2}$ 的 4 个正方形之合，立方体是 8 个小立方体之合。即线段、正方形、立方体被看成为分别由 2、4、8 个把全体分成的相似形组成。2、4、8 数字可写以成 1^2、2^2、2^3，这里的 1、2、3 分别与其图形的维数一致。

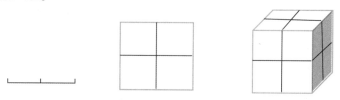

图 3-8　段线、正方形、立方体

将原来的边长分成 3 等份：

线段　　　　　分成 $3=3^1$ 个小线段

正方形　　　　分成 $9=3^2$ 个小正方形

立方体　　　　分成 $27=3^3$ 个小立方体

再把边长缩小为 $1/a$，则：

线段　　　　　分成 a^1 个小线段

正方形　　　　分成 a^2 个小正方形

立方体　　　　分成 a^3 个小立方体

假设存在一个 D 维图形，将它分成 N 个与整体相似的部分，那么整体图形与每个部分之间的相似比 r 为

$$r = \sqrt[D]{N} \quad (r^D = N)$$

则
$$D = \frac{\lg N}{\lg r} \tag{3-1}$$

回顾图 3-1 的柯克曲线，该曲线是由把全体缩小成 1/3 时 4 个相似形构成的，根据式（3-1），柯克曲线的相似形维数可以表示为

$$D = \frac{\lg 4}{\lg 3} = 1.261\,8\cdots$$

可见，柯克曲线是一个有分数维的数学实体。

3.4.2　分形

柯克曲线只是具有分数维的几何图形的一个例子。1977 年，蒙德尔布罗正式将具有分数维的图形称为"分形"，并建立了以这类图形为对象的数学分支——分形几何。他在这一年出版的著作《分形：形，机会与维度》中指出大量的物理与生物现象都产生分形，引起了普遍的关注。分形的基本性质是自相似性。除了已经看到的柯克曲线外，下面再看一些著名的分形的例子。

1883 年，康托尔构造了一个奇异的集合：取一条长度为 1 的直线段，将它三等分，去掉中间一段，剩余的两段再三等分，各去掉中间的一段，剩下更短的四段，这样的操作一致继续下去，直至无穷，然后得到一个离散的点集 F，称为康托尔三分集（图 3-9）。

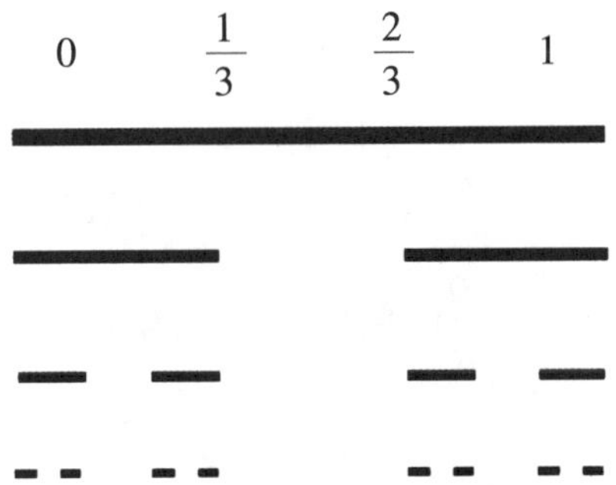

图 3-9　康托尔三分集

第一次分为三份（$r=3$），去掉一份，剩下的两份（$N=2$），每份长度为 1/3。所以，康托尔三分集的维数是

$$D = \frac{\ln 2}{\ln 3} = 0.630\,9\cdots$$

　　不难看出，被去掉的区间总长度是 1，等于开始的区间长度。从长度意义讲，康托尔三分集的长度为零，很像尘埃。康托尔三分集过于规则，难以描述现实世界的自然现象，所以叫康托尔粉尘。蒙德尔布罗证明了可以用它的维数描述电话传送线上的噪声分布，还可以描述空气污染中尘云的结构。

　　1915 年，波兰数学家瓦茨瓦夫·谢尔平斯基把康托尔三分集的思想推广到平面，构造出谢尔平斯基镂垫，如图 3-10 所示。其构造方法如下：把黑色等边三角形每一边长平分为二，并将分点连接起来，于是原来的黑三角形被分割成四个相同的小的等边的黑三角形，然后去掉中间的一个小黑三角形。按照这种方法，继续这样处理留下的黑三角形，一直到无穷次。它的维数是 $D = \ln 3 / \ln 2 = 1.582$。在极限下，谢尔平斯基镂垫的黑色部分完全看不清楚了，它是一种典型的分形。

图 3-10　谢尔平斯基镂垫

　　将类似的操作施以正方形区域（这里将正方形九等分），所得图形称谢尔平斯基地毯，如图 3-11 所示。

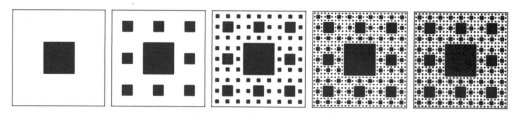

图 3-11　谢尔平斯基地毯

　　数学家门杰（Menger）从三维的单位立方体出发，用与构造谢尔平斯基地毯类似的方法，构造了门杰海绵，如图 3-12 所示。

图 3-12　门杰海绵

谢尔平斯基曲线在物理中是有用的。例如，在研究超导现象时，临界温度随磁场强度的变化便呈现为第十阶段的谢尔平斯基镂垫曲线；在研究非晶态物质时，谢尔平斯基镂垫可以作为模型。

自然界中的河流也是一个典型的分形。因河流与其分支形状，不论从全体还是从支流来看都没有太大变化，借助主流长度与流域面积的经验关系，可算出河的主流维数是 1.2。日本名古屋大学的分数维研究会对河的分数维进行了详细研究，根据他们的研究，世界各种河主流分数维的维数是 1.1 ~ 1.3。

分数维比 2 大的曲面的表面积理论上可以任意大。能够很好地利用这一性质的组织是肺。肺从气管尖端成倍地反复分岔，使末端的表面积变得非常大。人肺的分数维大约为 2.17。分数维越大使表面积变大的效率也越好，但这时曲面的凹凸也变得更加厉害，这不利于空气的流通，为了兼顾起见才产生了 2.17 这个数值。

血管也呈分形结构，它必须把养分送到全身各个角落的细胞中。视网膜血管的分形性质可用于临床诊断。例如，患糖尿病、高血压的人的视网膜血管分形维的值与正常人的有差别，并且病情越重，差别越大。除肺和血管外，动物体中还有不少组织是有分数维构造的，脑就是其中之一。人脑表面有各种不同大小的皱褶，它们是 2.73 ~ 2.79 维数构造。俗话说脑皱褶越多，人越聪明，从分数维的角度看，可以这样说，人脑分数维的维数越高就越有高维数的思考。

分形的意义在于探索自相似性，自相似性是跨越不同尺度的对称性。

3.4.3 混沌

分形讨论的是图形的复杂性，而混沌讨论的是过程的复杂性。

爱德华·诺顿·洛伦茨（Edward Norton Lorentz）是美国的一位气象学家，他在天气预报中的一个发现，是人类对混沌认识的里程碑。1963 年，洛伦兹在麻省理工学院利用当时比较先进的计算机进行天气预报的研究，他在用计算机模拟天气情况时，发现了天气变化的非周期性和不可预报之间的联系。在天气预报模型中他看到了比随机性更多的东西，看到了一种细微的几何结构，发现了天气的演变对初值的敏感依赖性。关于"对初值极端敏感"，你也许听说过洛伦兹的一句话："巴西的蝴蝶扇动一下翅膀，可能会引起几周之后在美国得克萨斯州的一场风暴"。这被称为"蝴蝶效应"。用混沌学的术语来表述就是，系统的长期行为对初值的敏感依赖性。

中国有句成语"失之毫厘，谬以千里"就是这个意思。这种对初值的敏感性的例子在生活中很常见。假设把一片树叶轻轻放在一条稳定流淌的小溪的水面上，观察树叶的漂流情况，然后再把另一片树叶精确地放在与前一片树叶相同的地方。刚开始，两片树叶的运动轨迹几乎完全一样，但随后就表现出来很大的差异性。原因是不会有两片完全相同的树叶，也不可能把两片树叶放在完全相同的位置上。初值的小小差异，经过逐步的放大，最终表现出了完全不同的行为。

逻辑斯蒂（Logistic）映射来源于生物种群数量的数学模型，下面从人口模型说起。

假定初始人口数是 x_0，那么第 $n+1$ 年的人口增长率就是

$$r = \frac{x_{n+1} - x_n}{x_n}$$

如果年增长率是常数，则该方程对所有的 n 成立，把它改写成线性方程

$$x_{n+1} = f(x_n) = (1 + r)x_n$$

则 n 年后的人口将是

$$x_n = (1 + r)^n x_0$$

即人口的增长是指数增长。不仅人口增长的模型如此，动物的繁殖和细菌的繁殖在一定时间间隔中都是指数增长。如果在连续时间内不加核查，这种增长的机制将会导致巨量的人口。而实际情况则是，这种增长只发生在有限的时期内，而在这段时期之后将达到一个极限。荷兰数学生物学家维哈尔斯特（Verhulst）在 1845 年提出了一个可解释极大人口量 X 存在的定律：当人口量接近 X 时，增长率将从 r 降至 0。在数学上表示这条定律最简单的做法是将常数增长率 r 换成可变增长率 $r-cx_n$，此处 c 为常数。当 $x_n = X$ 时人口增长率为零，常数 c 必须取值为 $\frac{r}{X}$。所以，维哈尔斯特过程的动力学定律为

$$x_{n+1} = f(x_n) = (1 + r)x_n - cx_n^2 \tag{3-2}$$

一旦达到 X 值，人口就将维持常数，即

$$f(X) = X$$

若人口数量比 X 值小，就将增大；反之，则会减少。如果试算一下会发现维哈尔斯特过程描述的人口演变最终将达到一个与初值人口无关的稳定值 X。至少当 $r<2$ 时是这样的。但正如洛伦兹在 1963 年所指出的那样：当 r 值较大时，维哈尔斯特定律描述了某些湍流现象，而且还可以应用于激光物理、水力学及化学反应理论等其他方面。下面我们通过研究逻辑斯蒂映射来说明上述情况。

把式（3-2）的两个系数变成一样的，先研究简单的模型：

$$f(x) = kx - kx^2$$

由 $f(x)$ 所实现的映射称为逻辑斯蒂映射。另外，对 x 的初值也进行简化，引进单位 1。我们从它开始，将 x 的范围限定在 0 ~ 1，在其中进取一个初始值 x_0。由于 x 的范围是 0 ~ 1，那么 $x(1-x)$ 不会超过 $\frac{1}{4}$，于是 k 只要不超过 4，映射之后就不会超过 1。可以无穷地做下去。选一个值为 0 ~ 4 的参数 k 这样进行下去，研究种群的规律，会有什么样的结果呢？

在 k 取值比较小的时候，经过若干次迭代，结果趋近于 1。此时可以发现，经过若干次迭代，结果趋于某个固定的数值，且最为重要的是这个数值与 x_0 的选取无关，如 $k = 2$ 的时候，最后得到 0.5。我们可以联想一下实际问题，即不管这个种群最开始有多少只动物，经过一段时间后，总要稳定在某个特定的数值上。

但是，当取 $k > 3$ 时，如令 $k = 3.1$，发现不管 x_0 是多少，经过几十次迭代，最后的结果在 0.56 ~ 0.76 振荡，这虽然是一个奇怪的现象，但也是可以让人接受的。因为它的意义是这个种群经过一段时间的演化，每两年为一个周期。比如，今年有 76 只，明年就变成了 56 只，下一年又成了 76 只……这个转折点提示可以继续增大 k 值，当 $k > 3.449$ 时，迭代结果在 4 个数值之间循环；当 $k > 3.544$ 时，迭代结果在 8 个数值之间循环；当 $k >$

3.564时，……16个数值……。需要注意的是，这些稳定数值也与开始的x_0的选取无关。我们把这种现象称为"倍周期分岔现象"。至此，可以思考一下，是否这个迭代的规律已经完全清楚了？

通过实验可以发现，当k值增大的时候，系统变得越来越复杂，而且突变的速度越来越快。最重要的突变发生在$k = 3.5699$左右，此时迭代不再趋于稳定，表现成一种杂乱无章的状态，而且迭代对于初值的选取极端敏感，读者可以通过简单的程序测试一下，此时的结果类似于洛伦兹发现的现象，很小的初值差异会导致迭代结果大相径庭。我们可以用一个图像来说明这一点，用横坐标表示k的取值，用纵坐标表示若干次迭代以后的收敛值。具体做法：任取一个k值，随便选个初值迭代，比如进行了10 000次，再把最后100次坐标放在上面，如果是对于不太大的k值，结果是稳定的，也就是计算机在同一个位置打了100次，如果是2周期的情况，就是两个点各打了50次，而对于混沌情况，自然100个点每个打得都不同，所以混沌区域是一片模糊，如图3-13所示。

可以明显地看到，当$k > 3$时，出现了倍周期分岔现象，这种倍周期分岔速度如此之快，到3.5699就结束了，即倍周期分岔现象突然中断，周期性让位于混沌。

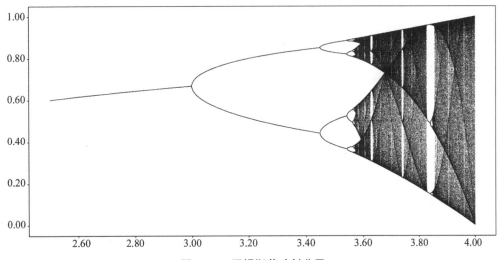

图3-13　逻辑斯蒂映射分叉

认真观察一下，在图3-13右边黑色区域，即混沌区域里面出现了一条白色竖线条图案。这说明什么呢？取$k = 3.823$进行实验，惊人的结果是迭代又变成了9周期循环。

把3.820～3.889的图放大，如图3-14所示。其中不仅发现了混沌区域的规则部分，更重要的是这个规则部分中有三个分支，每一个分支跟图3-13差不多，都是1分2，2分4，4分8，而每个分支里面的黑色区域里又会出现白色部分，位置也是类似的，这就是前面提到的"自相似性"，典型的分形。从这个典型的例子来看，至少给了我们以下几点提示：混沌是决定论系统的内在随机性；混沌对初值的敏感依赖性；混沌不是有序，也不是简单的无序；混沌与分形奇妙地联系了起来。

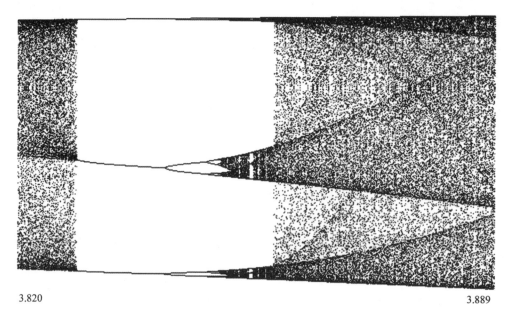

3.820   3.889

图 3-14   放大后的逻辑斯蒂映射分叉

3.4.4　朱利亚集

从 20 世纪 20 年代起，法国数学家朱利亚（Julia）和法都（Fatou）开始研究复动力系统。他们研究形如

$$f(x) = z^2 + c$$

的映射，其中 z 和 c 都是复数。这个映射可以看作逻辑斯蒂映射的复模拟。c 是复参数，相当于逻辑斯蒂映射的参数 k。下面考察最简单的情形（$c = 0$），这时动力学定律为

$$x_{n+1} = x_n^2$$

有三种可能的输出，它们取决于 x_0 的选择。若 x_0 与原点 O 的距离小于 1 个单位长，迭代序列中的数将越来越小，这是说 O 是系统的一个吸引子。若 x_0 与原点的距离大于 1，迭代序列中的数越来越大，在这种情况下，我们说吸引子是无穷大（因为无穷大并不是复平面上的一个点，"吸引子"这个词在这里完全是约定俗成的特殊用法）。若 x_0 与原点的距离恰好等于 1，即 x_0 位于以 O 为中心的单位圆上，在这种情况下，序列的点始终在单位圆上。于是，单位圆是两个分别由 O 和无穷大控制的吸引子区域的边界。

在上述例子中，复平面被一条边界曲线分成两个不同的吸引子区域，这条边界曲线被称为朱利亚集。这对于蒙德尔布罗（以及其他人）研究的所有情形来说是一种典型现象。当 c 的值发生变化时，朱利亚集呈现异常复杂的状况，并且无比美丽。

例如，$c = 0.31 + 0.04i$，有限吸引子是单独一个点，它和无限吸引子的边界是图 3-15所示的漂亮的分形圆。如果能更细致地观察边界的任一部分，就会发现熟悉的、无限重复的自相似现象，而这正是分形曲线的特征。

显然，计算机出现后，人们才有可能深入研究这样的图形。朱利亚和法都二人早已证明：这类图形的任何一段边界，不管它多么小，都包含了确定整个曲线所需的全部信息。正是为了纪念朱利亚，后人才把这样的边界集称为朱利亚集。

当 $c = -0.12 + 0.74i$ 时，朱利亚集由图 3-16 表示，有限吸引子由三点循环构成。图 3-

17 给出了另一个朱利亚集，其中有的区域退化为"尘点"或"树枝"。通过对参数 c 的不同选择，朱利亚集展示出丰富多彩的结构。有的朱利亚集是连成一体，有的是一盘散沙。这说明 c 的选择是何等重要。一个自然的问题：对于 c 的值是否存在任何识别模式，使与其相应的动力系统及其朱利亚集具有特定的形态？蒙德尔布罗在 1980 年发现了这个形态，现在以他的名字命名的复平面区域（子集）：蒙德尔布罗集。

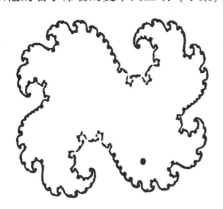

图 3-15 $c = -0.31 + 0.04i$ 时的朱利亚集

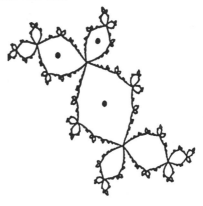

图 3-16 $c = -0.12 + 0.74i$ 时的朱利亚集

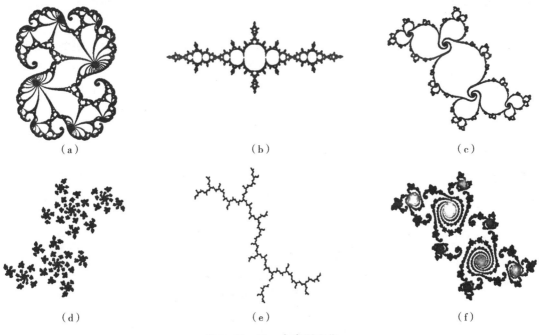

（a） （b） （c）

（d） （e） （f）

图 3-17 另一个朱利亚集

现在我们来制作蒙德尔布罗集，如图 3-18 所示。在复平面上任取一点 c，对一切可能的 z 用 $f(z) = z^2 + c$ 进行迭代映射，并对 c 求朱利亚集，看看它是否是连通的，如果是连通的就把 c 涂黑；如果不是连通的就把 c 涂成白色。对复平面的每一个 c 都这样做，结果就得到了图 3-18 所示甲虫状黑斑，即著名的蒙德尔布罗集。

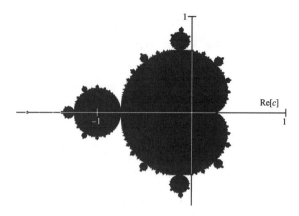

图 3-18　蒙德尔布罗集

蒙德尔布罗集与朱利亚集的关系是什么呢？

c 的不同位置决定了不同的朱利亚集。它或者把平面分成一个或多个内部区域和一个伸展到无穷远的外部区域，或者产生一个退化为没有内部区域的朱利亚边界集。非退化的朱利亚集有四种。

如果 c 选自蒙德尔布罗集的主体内部，则相应的动力系统只有一个吸引子，即映射的不动点。这时，朱利亚集是一个分形变形圆，如图 3-15 所示。

如果 c 选自与蒙德尔布罗集主体相连的某个苞芽内部，则朱利亚集由无限多个分形变形圆组成，如图 3-16 所示，该图的 c 选自蒙德尔布罗集顶部（左边的）大苞芽的中心。

如果 c 是蒙德尔布罗集一个苞芽的发生点，那么朱利亚集将呈现许多卷须，如图 3-17（a）和（b）所示。

如果 c 是蒙德尔布罗集的其他任何边界点，其朱利亚集就是所谓西格尔盘（Siegel disc）。图 3-19 就是西格尔盘的一个例子（$c = -0.390\,54 - 0.586\,79i$）。这里存在一个不变圆环绕的不动点。在这一情形下，朱利亚集所包围的区域内部的点将逐渐趋向于包含不动点的圆盘，并在其上沿着不变圆，围绕不动点旋转。

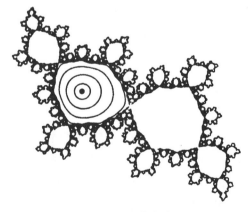

图 3-19　西格尔盘

关于非退化朱利亚集就介绍到这里，那么其他情形［如图 3-17 中的（d）～（f）所示］又是怎样的呢？蒙德尔布罗集的放大图表明它被一些发散状分岔触角包围了。如果 c

正好选自这些触角之一，就可以得到类似形状的朱利亚集。图 3-17（e）为 $c=i$ 时的例子，这时系统只有一个吸引子，即无穷大。除朱利亚集本身的点外，所有的点都将被变到无限远处。

现在只剩下一种可能性，即 c 选自蒙德尔布罗集的外部，此时无限远是唯一的吸引子，而朱利亚集被分解成一些称为法都尘的孤立点。c 离蒙德尔布罗集越远，这些尘点就变得越来越细，若 c 选自蒙德尔布罗集边界附近一点，则尘点就变大并足以产生引人入胜的图案，如图 3-17 的（d）和（f）所示。这种尘点图案与混沌动力学一样总是呈现分形的性质。

毫无疑问，由于蒙德尔布罗集的边界在相关的系统动力学中扮演如此重要的角色，这个边界本身就引起了学者们巨大的兴趣。正如学者们所期待的那样，现已弄清：这个边界区域本身具有复杂的分形外表。图 3-20 是对这个不可思议的世界的一瞥。这是一个寸土必争的世界，是一个只有通过计算机才能认识的世界——认识的程度完全依赖于计算机。

蒙德尔布罗集与所有的动力系统都有密切的联系，它在数学中占有一个特殊而基本的地位，就像圆和多边形在数学中所占有的地位一样。著名的生物数学家罗伯特·梅（Robert May）1976 年指出："这种学习不像微积分那样涉及那么多的复杂概念，这会使学生大大丰富对非线性系统的直觉认识。"

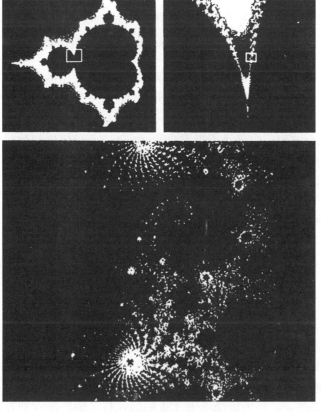

图 3-20　蒙德尔布罗集区域巡游

第4章 | 东西方数学发展理念

　　文化由外显和内隐的行为模式构成，并借由构成人类群体独特成就的符码所获取和传递。数学是一种文化现象，这已成为人们的共识。唯有了解数学的文化底蕴，才能更进一步了解数学的本质。美国著名应用数学家、数学史家、数学教育家、数学哲学家莫里斯·克莱因的《古今数学思想》《西方文化中的数学》《数学：确定性的丧失》力图展现数学的人文色彩。中国最早关注数学文化的学者孙小礼教授与邓东皋等著的《数学与文化》，从自然辩证法的角度对数学文化展开思考。齐民友先生的《数学与文化》，从非欧几何产生的历史阐述数学的文化价值。郑毓信教授出版的专著《数学文化学》中对数学文化史进行了研究，希望能通过考察历史揭示出数学的发展规律。《数学文化学》把数学视为一个由于内在力量与外部力量共同作用而处于不断发展与进化之中的文化系统。数学文化学立足于数学哲学、数学史和数学教育学的现代研究，希望从各个侧面揭示数学的社会文化特性。它着眼于决定数学发展的各种宏观因素，从数学的文化观念、数学文化史的研究和数学的文化价值等几个方面，构建起了初步的理论框架。与仅仅聚焦数学思想方法或数学创造的启发法研究相比，数学文化学达到了更高的理论高度。

　　从历史角度看，古希腊和文艺复兴时期的文化名人，如最著名的柏拉图和达·芬奇本身就是数学家。爱因斯坦、希尔伯特、罗素、冯·诺依曼等文化名人则是20世纪数学文明的缔造者。东西方人具有不同的数学文化特色。柏拉图哲学在西方哲学占据着主流思想的地位，他以接近宗教的方式呈现出数学的特性，这给数学增添些许神秘色彩。在中国古代数学史上，图4-1所示的魏晋数学家刘徽（约225—约295）把《九章算术》及他自己提出的解法与公式建立在必然性的基础之上。我国是世界上最早产生并确立完善的十进位值制记数法的国家。早在四五千年前就有了数目字，商朝已掌握了3万以内十进数目。十进位值制这种记数法比古巴比伦的六十进制、玛雅人的二十进制、罗马人的五至十进制以及古埃及和希腊的非十进位值制优越得多。十进位值制记数法被马克思誉为人类文明进程中"最美妙的发明之一"。刘徽在此基础上创造了十进小数，而外国直到14世纪才出现十进小数，直至17世纪才开始使用小数点。图4-2所示的祖冲之（429—500）编制《大明历》，开辟了历法新纪元。作为数学史上5世纪的标杆人物，他在刘徽的基础上，一直算到圆内接正24 576边形，将圆周率精确到8位有效数字，领先世界千年之久。

图4-1 刘徽

图4-2 祖冲之

4.1 中国古代数学文化

中国古代数学是东方经验数学的典范。神秘主义、实用主义和君权政治都对中国古代数学文化的形成与发展有很大影响。中国古代数学教育具有鲜明的文化烙印，形成了多样独特的传承方式。中国古代数学在其发展过程中，主要受到三个外部文化因素的强烈影响：一个是神秘主义思想，另一个是皇权政治，还一个是实用主义思想。

古代数学起源于人类早期的生产活动，产生于商业上计算的需要、了解数字间的关系、测量土地及预测天文事件。我国古代把数学叫算术，又称算学，最后改称为数学。算筹是中国古代数学的一种独特的计算工具，算术的意义就是运用算筹的技术，这概括了中国古代数学使用算器、以算为主的特点。算筹与印度的《算数》所描绘的具有许多相似之处，《算数》是阿耶波多（Aryabhata，476—550）撰写的《阿里亚哈塔历书》中关于数学的章节。数学文化史的研究表明，人类古代数学作为文化系统中一个操作运演的子系统，从一开始就具有双重功能，即数量性的功能和神秘性的功能。由原始神话和图腾崇拜演变而成的巫术、占卜、占星思想是中国古代文化的根基之一，它在中国文化史上曾占有神圣而至尊的地位。从远古时就逐渐蔓延开来并在秦、汉时期被进一步确立的巫术思想与漫长的封建制度结下了不解之缘，在中国古人的精神空间中占据了举足轻重的地位。各种类型的神秘主义思想以其强大的精神力量深刻地支配着中国古代数学哲学的形成和走向，对中国古代数学发展产生过不可低估的影响。以占卜、占星等形式为主体的神秘文化在早期曾唤起古人原始的数学直觉。

春秋战国时期有百家争鸣的学术风气，是知识分子自由表达见解的黄金年代。当时，思想家和数学家的主要目标是帮助君王统治臣民、管理国家。中国的古代数学，多以官方文书的形式出现。以"管理数学"形式出现的古代数学，理性探讨退居其次，其目的是丈量田亩、兴修水利、分配劳力、计算税收、运输粮食等国家管理的实用目标。中国古代数学强调的实用性，在算法上得到了长足的发展。负数的运用、解方程的开根法，以及杨辉

（贾宪）的三角、祖冲之的圆周率计算、天元术那样的计算课题，只能在中国诞生，而为古希腊文明所轻视。

中国传统的价值观念以及筹算的技艺型价值取向，决定了中国古代数学的发展和构造模式，这种筹算数学的价值取向保证了中国古代数学机械化特色的发展方向，注重数学实际应用的层次不断发展，机械化的计算技术和水平不断提高。中国古人借助于算筹这一特殊工具，将各种实际问题分门别类，进行有效的布列和推演。中国古代的数学，到处充满着实例及有用的方法，却没有基本的逻辑证明与结构。《九章算术》用归纳的方式将许多实际问题分为方田、粟米、衰分、少广、商功、均输、盈不足、方程、勾股等九章。对古代数学文献的解读，可以促使我们重新思考现有的解释模式。其呈现出的文字元素，表面上看起来是熟悉的应用题求解，而实际上却有与西方数学传统不同的实践功能。《九章算术》中的《商功》章里就有许多立体体积计算的"术"，如方柱、方锥，圆柱、圆锥等都给出了体积公式。刘徽采用"勾股术""出入相补""损广补狭"等多种思想和方法进行解释和证明，充分体现了中国古代数学家处理几何问题的风格和特点。刘徽在《九章算术注》序中曾写道："事类相推，各有攸归，故枝条虽分再本干知，发其一端而已。"对刘徽而言，每种事类都像树木的枝条一样，虽然各自分出，但却是来自相同的树干，同样的根源。宋元时期算法机械化达到空前的高水平，这是我国筹算体系下的数学计算以快速、准确、简洁解决一类具体问题而发展自己的操作运演的必然趋势和结果。

古代的中国，无论社会或政治的背景，均与古希腊截然不同。知识是不被公开讨论的，只能在官方体系中以师徒关系传承下去，数学知识当然也不例外。《周髀算经》中记载了陈子与荣方的对话，就是老师向学生传授知识，荣方毫不怀疑地接受陈子所说的一切，不会要求老师必须证明论述为真。在对话中，陈子不曾使用证明的字眼，但这并不意味中国人就对证明毫无兴趣。刘徽在注解《九章算术》时就设法要说明每个问题为真的理由，只不过形式与古希腊人不同罢了。在师徒授予的过程中，老师的工作主要是帮助学生培养解决问题的能力，如陈子的做法便是将解题的方法归成类的概念，而数学的特征便隐含其中。

4.2　西方文化中的数学

在古希腊文化的发展过程中，原始数学始终沿着神秘性和数量性的双重功能统一性继承的轨道向前发展。古希腊数学与神秘性的结合，使得他们从宗教、哲学的层次追求数学的绝对性以及解释世界的普遍性地位，这正是古希腊数学完全脱离实际问题，追求逻辑演绎的严谨性的文化背景。从数学文化史的意义方面分析，发端于古希腊的西方数学不仅是一个数学意义的运演操作系统，更主要的是，它作为一种在文化系统中起主导作用的理性解释系统，或者称之为一种理性构造的规范模式。在西方文化中，西方数学解释宇宙的变化，引导理性的发展，参与物质世界的表述，任何学科的构建都必须按照文化理性的要求模仿和运用数学的模式。用数学解释一切，是西方数学在文化中获得的价值观念。

古希腊时期无理数或不可公度量的发现，与所有数可由整数或整数之比来表示的论断相矛盾，触发了第一次数学危机。毕达哥拉斯学派发现，边长为1的正方形的对角线长度既不是整数，也不能由整数之比表示。门徒希帕索斯因为泄密被扔进地中海淹死，他的出生地梅塔蓬图姆恰巧是他的老师毕达哥拉斯被谋杀的地方。毕氏定理的性质早在巴比伦时期就被人发现，它被使用了几个世纪，没有人发现任何错误。古希腊的文化时尚，是追求精神上的享受，以获得对大自然的理解为最高目标。古希腊人对于数学定理证明的热爱，胜于对定理本身所描述的事物。

欧几里得的辗转相除法是历史上最著名的演算法，可以求得两个自然数的最大公约数。尽管这个特殊的演算法已经有悠久的历史，但是直到20世纪30年代，由于计算机的发明，其才有了明确的定义与记载。著名的注释家普罗可勒斯在评注欧几里得的《几何原本》时，写道："对我来说，当我赞美第一个发现这个定理事实的人时，我对《几何原本》的作者更加好奇，因为他利用一个非常容易明了的证明建立了它。"古希腊数学虽然也是从商业开始，但是从思想家、科学家与哲学家泰勒斯（Thales，公元前624—公元前546）开始就有了不同的面貌。泰勒斯主张用理性来研究世界，用自然的原因来解释自然现象。康德认为泰勒斯是数学证明与几何之父，他在《纯粹理性批判》第二版的序中写道："数学，从人类理性史上所能追溯到的最早时期起，就在令人钦佩的希腊民族中走上了科学的可靠道路。第一个论证等腰三角形的人他可以叫泰勒斯，也可以叫随便哪个名字，他的心中肯定闪现过一道亮光，开创过一种新见解。"

"对顶角相等"在《几何原本》里列入命题15，借助公理3（等量减等量，其差相等）给予证明。与毕达哥拉斯学派不同，欧几里得认为点只有位置，没有大小，点的长度为零。但欧几里得却无法解释如何由没有长度的点累积成有长度的线段。对此，亚里士多德说："若线段是连续的且点是不可分割的，则线段不是由点组成的，整体不等于部分之和。"莱布尼茨也曾说："点不可视为线段的组成部分。"他们都认为线段的长度不是由点的长度累积起来的，没有长度的点只能累积成没有长度的线段，有长度的点会累积成无穷长度的有限线段。同理，线是面的不可分割的组成要素。线没有面积，而面有面积。如何用没有面积的线累积成有面积的平面区域？面是体的不可分割的组成要素。面没有体积，而体有体积。如何由没有体积的面累积成有体积的立体？这三大难题可媲美画圆为方、三等分角、倍立方问题，成为世代数学家努力的方向。

在中国的数学文化里，不可能给这样的直观命题留下位置。西方数学传统的本质是"证明"，这个风气奠基于古希腊人的贡献。在现存的古希腊文本中，数学中经常出现 epideixis、apodeixis 和 deiknumi，对应现代的英文则被翻译为 proof 或 prove。证明形式及方法的确立，是由欧几里得呈现在著作《几何原本》上的。在古希腊，许多的数学作品都是同一学派的人经由广泛的争论形成的。在古希腊的城邦雅典，人们被允许在公开场合发表言论，却也得接受别人的挑战与质疑，因此必须用证明的手法来正当化自己的观点。在古希腊的传统中，知识分子想要维持生计，是不能依赖政府提供工作的，他必须随时接受竞争者的挑战，设法证明对手论述的盲点与错误，为自己赢得名声，吸引学生进入门下。

图4-3所示的欧几里得（Euclid，约公元前330—公元前275）被称为"几何学之父"，他曾经给托勒密王讲授几何学。这位国王虽然爱好学习，但又不肯下功夫，他问欧几里得："除了《几何原本》之外，还有没有其他学习几何的捷径？"欧几里得回答："几何无王者之道。"欧几里得的《几何原本》是古希腊数学发展的顶峰。《几何原本》共有13卷，证明了467个定理。《几何原本》前6卷讨论平面几何，第7、8、9卷讨论基本数论，第10卷讨论一些特殊的无理数。第11卷开始讨论立体几何，第12卷讨论了锥体、

球体的体积，最后在第 13 卷中讨论了 5 种正多面体。《几何原本》第 11 卷中的命题 1～6 分别论述如下。

命题 1：一条直线不可能一部分在平面内，而另一部分在平面外。

命题 2：如果两条直线彼此相交，则它们在同一平面内；并且每个三角形也各在一个平面内。

命题 3：如果两个平面相交，则它们的交迹是一条直线。

命题 4：如果一条直线在另两条直线交点处都成直角，则此直线与两直线所在平面成直角。

命题 5：如果一条直线过三直线的交点且与三直线交成直角，则此三直线在同一个平面内。

命题 6：如果两直线和同一平面成直角，则两直线平行。

虽然其中的许多内容是来自早期的数学家，但欧几里得的贡献是将这些资料整理成有逻辑架构的作品。欧几里得使用公理化的方法，公理是确定的、不需证明的基本命题，一切定理都由此演绎而出。在这种演绎推理中，每个证明必须以公理为前提，或者以被证明了的定理为前提。这一方法后来成了建立任何知识体系的典范，2 000 多年以来被奉为必须遵守的严密思维的范例。《几何原本》中有严谨的数学证明系统，成为后来 2 300 年数学的基础。在中国古代，如同在印度与美索不达米亚，最重要的证明工作就在于计算公式的正确性。阿拉伯数学也同时展现出对于证明工作的兴趣。《几何原本》的写作形式，也成为后来其他数学书写作的典范。《几何原本》对于几何学、数学和科学的未来发展以及西方人的思维方式都有极大的影响。

图 4-3　欧几里得

《几何原本》论述的主要对象是几何学。除此之外，它还涉及数论、无理数理论等其他课题。例如，著名的欧几里得引理和求最大公因数的欧几里得算法。另外，《几何原本》

也说明了完全数和梅森质数的关系、质数有无限多个、有关因式分解的欧几里得引理等。欧几里得对西方数学传统的影响在普罗可勒斯之后，又持续了 1 500 年之久。这个时期的西方数学，正被欧几里得的《几何原本》的典范笼罩着。对当时的学生而言，数学就是利用少数的设准、公设与定义，便能将其余的定理逐一推衍出来。欧几里得在《几何原本》中提到的几何系统后来简称为"几何"，长久以来被人们视为唯一一种可能的几何方式。不过，当数学家在 19 世纪发现非欧几里得几何后，上述的几何就称为欧几里得几何了。

4.3　刘徽与阿基米德

求圆面积是数学史上最基本也最无可奈何的问题。古埃及与巴比伦人早就知道，任何圆的圆周与直径之比值恒为一个定数，而与圆的大小无关。这个定数被叫作圆周率，记为 π。圆周率这个现代的数学概念，在西方数学史上记号从 $\frac{\pi}{\delta}$ 简化为 π，体现了数学概念从比率转换为数的历程。几乎所有的古代文明都尝试解决这个问题，但数学家们一直到 19 世纪才终于了解：我们永远没办法完全精确地求出一个圆的面积值，而只能给出一个代数公式。我国古代有"周三径一"的说法：直径为 1，圆周长大约等于 3。这就意味着 $\pi \approx 3$。三国时期数学家刘徽在解释《九章算术》中"半周半径相乘得积步"时，采用割圆术的方法。刘徽由圆内接正六边形开始，逐步增加正多边形的边数，求正 12 边形、正 24 边形、正 48 边形、正 96 边形……的面积。使算出的面积与圆真实的面积越来越接近，以计算圆周率。刘徽计算了正 3 072 边形面积并验证了这个值。刘徽的割圆术不仅给出了圆面积公式的证明，而且在世界上第一次提出了计算圆周率精确近似值的程序和计算方法。刘徽求得 $\pi \approx$ 3.1416，并在割圆术中提出"割之弥细，所失弥少；割之又割，以至于不可割，则与圆周合体而无所失矣"，这正是中国古代极限观念的重要体现。

若切割的动作继续进行，圆内接正 6×2^n 边形的面积 S_n 与圆面积 S 的差就越来越小。割之又割，到最后圆内接正多边形便与圆周合为一体。

历史上有的数学家勇于开辟新领域而缺乏缜密推理，而有的数学家则偏重于逻辑证明而对新领域的开拓徘徊不前。图 4-4 所示的古希腊哲学家、百科式科学家、数学家阿基米德（Archimedes，前 287—前 212）兼有二者之长，他常常通过实践直观地洞察到事物的本质，然后运用逻辑方法使经验上升为理论，再用理论去指导实际工作。阿基米德享有"力学之父"的美称，他与高斯、牛顿并列为世界三大数学家。没有一位古代的科学家，像阿基米德那样将熟练的计算技巧和严格证明融为一体，将抽象的理论和工程技术的具体应用紧密结合起来。他的工作主要集中于解决求积问题：求面积、求体积与求表面积。这些在当时都是大难题，特别是在缺乏"极限"概念的情况下。阿基米德巧妙地运用穷尽法和两次归谬法，解决了上述难题。数学史家 E. T. 贝尔曾说过："任何一张关于有史以来最伟大的数学家的名单中，必定会包括阿基米德，另两个通常是牛顿和高斯。不过，以他们的丰功伟绩和所处的时代背景来对比，拿他们影响当代和后世的深邃久远来比较，还应首推阿基米德。"

图4-4 阿基米德

阿基米德同时还享有"数学之神"的美誉，他出生于意大利西西里岛的叙拉古。他的父亲是天文学家，母亲出生于名门望族，且知书达理。青年时代的阿基米德曾到号称"智慧之都"的亚历山大城求学。阿基米德系统地阅读了欧几里得的《几何原本》，研究了古希腊时期巧辩学派代表人物的著作及安提丰等人关于三大几何问题讨论的种种方法。安提丰和欧多克索斯的穷竭法对阿基米德的影响最为深刻，后来发展成为他处理无限问题的基本工具。虽然穷竭法在欧几里得的《几何原本》中已有记载，甚至更早的还可以追溯到欧多克索斯，但是任何人都难以否认这样的事实：阿基米德对穷竭法的运用代表了古代用有限方法处理无限问题的最高水准。阿基米德对圆的研究记载于《论圆的测量》这本小册子中。对于圆的面积公式，阿基米德叙述如下：圆的面积等于以圆半径及圆周长为两股的直角三角形面积。阿基米德将圆面积看成由无限多个同心圆组成，将这些同心圆切开后摊平，一条一条地重组成一个高为半径，底为圆周长的直角三角形，即洋葱术，如图4-5所示。

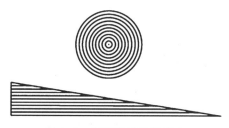

图4-5 阿基米德的洋葱术

阿基米德以双重矛盾证明上面的命题，证明方法如下。

设 S、A 分别为圆面积与直角三角形的面积。阿基米德并不是直接证明 $S = A$，而是由 $S \neq A$ 开始。根据数学的三一律，如果 $S \neq A$，则 $S > A$ 或 $S < A$ 有一种情形将会成立。

情形1：若 $S > A$，阿基米德由圆内接正方形开始，接着正八边形，如此下去，总能找到一个内接正 n 边形，其面积与圆面积的差小于 $S - A$。设其面积为 S_n，即 $S - S_n < S - A \Rightarrow S_n > A$。

但 $S_n = \dfrac{1}{2} \cdot r \cdot$ 内接正 n 边形的周长 $< \dfrac{1}{2} \cdot r \cdot$ 圆的周长 $= A$

这与 $S_n > A$ 的情形产生矛盾，所以 $S > A$ 不可能。

情形2：若 $S < A$，阿基米德由圆的外切正多边形开始，同上，总能找到一个外切正 n 边形，使其面积与圆面积的差小于 $A - S$。设其面积为 T_n，即 $T_n - S < A - S \Rightarrow T_n < A$。

但 $T_n = \dfrac{1}{2} \cdot r \cdot$ 外接正 n 边形的周长 $> \dfrac{1}{2} \cdot r \cdot$ 圆的周长 $= A$

这与 $T_n < A$ 的情形产生矛盾，所以 $S < A$ 也不可能。

所以，$S = A$。

从刘徽的割圆术和阿基米德的洋葱术，可以看出刘徽能直接建构出圆面积公式，与其多次使用极限的想法有关。相对于刘徽，阿基米德显然不敢取其极限。他采取归谬证法证明圆面积公式的正确。阿基米德之所以害怕面对极限，是因为古希腊人无法面对无穷。东西方数学发展的理念与策略不同，这离不开其背后的文化背景。古希腊人无法面对无穷的概念，是古希腊哲学不可逾越的障碍。连亚里士多德都说，无穷是不完美、未完成的，因此是不可想象的。与刘徽拥有几乎相同的起点，阿基米德却选择归谬法间接证明出圆面积公式的正确性。

阿基米德的一生充满传奇色彩，比如皇冠掺假的故事家喻户晓。公元前212年，罗马人在其统帅马塞卢斯的率领下围攻叙拉古。由于叛徒的出卖，罗马人趁叙拉古人庆祝女神节的狂欢之夜，攻占了城市。阿基米德死于士兵的剑下，临死前还在思考几何问题。阿基米德的死亡，标志着古希腊数学和灿烂文化走向衰落的开始。马塞卢斯特意为阿基米德建墓，并按照死者的遗愿将他最引以为傲的数学发现的象征图形——球及外切圆柱刻在墓碑上。阿基米德通过研究发现：球的体积是其外切圆柱体积的 $\dfrac{2}{3}$，其表面积也是其外切圆柱表面积的 $\dfrac{2}{3}$。在阿基米德之前，人们还不知道球的表面积公式和体积公式。正如 A. 艾鲍博士在《早期数学史选篇》中所说："如果欧几里得《几何原本》是前人工作的汇编，那么阿基米德的每一篇论文都为数学知识宝库做出了崭新的贡献。"在用穷尽法证明抛物弓形的面积等于 $\dfrac{4}{3}$ 的过程中，阿基米德还曾得到一个无穷级数 $1 + \dfrac{1}{4} + \dfrac{1}{16} + \dfrac{1}{64} + \cdots + \dfrac{1}{4^{n-1}} + \cdots$。该级数被称为阿基米德级数，是数学史上第一个无穷级数。虽然无穷概念对古希腊人的限制很大，但绝非仅仅只有负面影响。它迫使古希腊数学家建立起间接证明相关的理论基础，利用矛盾律及排中律，在可能的情形中，罗列出所有可能的假设。除正确的假设外，其他的假设都推出矛盾的结论。这个方法在欧几里得的《几何原本》中发挥了很大的作用。

 拓展性习题

1. 试述封建皇权对中国古代数学发展的影响。
2. 简述中国古代数学文化的特点。
3. 试述东西方数学文化的差异。
4. 试述数学文化中的人文精神。
5. 简述数学文化研究的理论特征。

4.4 "田忌赛马"与运筹学

在公元前 3 世纪发生的楚汉相争中，著名谋士张良为汉高祖刘邦推翻秦朝统治、打败项羽立下汗马功劳，刘邦赞誉他"夫运筹策帷帐之中，决胜于千里之外"。这里的"运筹"指的是张良在帷帐中制订作战谋略的过程。这表明我国运筹思想源远流长，至今对运筹学的发展仍有深远的影响。

4.4.1 中国古代的运筹典故

田忌是战国中期齐国的将领，他的军师孙膑是孙武的后代，也是一位著名的军事家。田忌与齐王赛马，孙膑献策：以下马对齐王上马，以中马对齐王下马。结果田忌以一负两胜而总体获胜。这是一个典型的博弈问题。

公元前 354 年，魏国将领庞涓率兵 8 万人，以突袭的方法将赵国的都城邯郸包围。赵国抵挡不住，求救于齐，齐威王派田忌为大将，孙膑为军师，率兵 8 万人，前往救赵。田忌打算直奔邯郸，速解赵国之围。孙膑提出应趁魏国国内兵力空虚之际，发兵直取魏都大梁（今河南开封），迫使魏军弃赵回救。这一战略思想，既避免了齐军承受长途奔袭的疲劳，又使魏军处于奔波被动之中，立即被田忌采纳，率领齐军杀往魏都大梁。庞涓得知大梁告急，忙率大军驰援大梁，齐军事先在魏军必经的桂陵（今河南长垣南），占据有利地形，以逸待劳，打败魏军。这就是历史上有名的"围魏救赵"。

宋真宗大中祥符年间，都城开封里的皇宫失火，需要重建。右谏议大夫、权三司使丁谓受命负责限期重建皇宫。建造皇宫需要很多土，丁谓考虑从营建工地到城外取土的地方距离远，费工费力，于是便下令将城中的街道挖开取土，节省了不少工时。挖开不填，街道便成了大沟。丁谓又命人挖开官堤，引汴河水进入大沟中，然后调来各地的竹筏木船经这条大沟运送建造皇宫所用的各种物材，十分便利。待皇宫营造完毕，丁谓命人将大沟的水排尽，再将拆掉废旧皇宫以及营建新皇宫所丢弃的砖头瓦砾填入大沟中，大沟又变成平地，重新成为街道。这样，挖土、运送物材、处理废弃瓦砾等三个工程一蹴而就，节省的工时和费用不计其数。这是我国古代大规模工程施工组织方面运筹思想应用的典型例子。

4.4.2 近代运筹学的起源

"运筹学"一词在英国被称为"Operational Research"，在美国被称为"Operations Research"（OR），可直译为"运作研究"或"作业研究"。我国学术界 1955 年开始研究运筹学时，正是从《史记》"运筹帷幄之中，决胜千里之外"一语中摘取"运筹"一词作为 OR（Operations Research）的意译。1909 年，丹麦工程师爱尔朗（Erlang）研究电话服务的等候问题标志着排队论的诞生。1928 年，冯·诺依曼（Von Neumann，1903—1957）以研究二人零和对策的一系列论文为"对策论"奠基。1939 年，苏联的康托洛维奇（Kantorovich，1912—1986）发表的《生产组织和计划的数学方法》一书，是规划论的开始。这些方面的工作，现在仍是运筹学研究的领域。但作为一门学科，运筹学诞生于第二次世界大战期间。近代运筹学的起源可以分为军事、管理、经济三个方面。

1. 运筹学的军事起源

我国古代的《孙子兵法》一书体现了丰富的运筹思想。孙武是春秋时期卓越的军事家，他首先将度、量、数等概念引入军事领域，通过必要的计算来预测战争的胜负，并指导战争中的有关行为。其后的军事家又不断完善和发展了他的军事思想。像"围魏救赵"等都是军事运筹的典型范例。此外，古代欧洲的科学家阿基米德、达·芬奇、伽利略都研究过作战中的运筹问题。第一次世界大战和第二次世界大战期间，运筹学得到了很大的发展，并逐渐成为一门学科。这期间最早进行的运筹学工作，是英国的生理学家希尔为首的英国国防部防空实验小组在第一次世界大战期间进行高射炮系统利用的研究。英国人莫尔斯用数学模型分析了美国海军大西洋护航舰队的得失，这也是现代运筹学的早期应用。1916年，英国科学家兰彻斯特（Lanchester，1868—1946）给出了军队的数量优势、火力与胜负的动态关系，后来被称为兰彻斯特方程。美国人爱迪生用博弈论和统计分析方法，给出商船避免德国潜艇袭击的航行策略，对以后运筹学的发展有所影响。

1938年，德国法西斯在席卷欧洲大陆之后企图攻占英吉利三岛，德国占领区和英国之间有英吉利海峡相隔，首先发生的是空战。英国国土狭小，极易遭受德国空军的轰炸袭击。伦敦和其他英国城市每天响起的空袭警报，标志着德国的空军力量强于英国。丘吉尔领导的英国面临生死存亡的考验。科学家在国家紧急时期发挥了重要作用。1938年，英国刚刚制造出了雷达，在技术指标上比德国的雷达要差一些。当时，雷达的信息和战机、高炮的配合还不密切，不发挥作用。于是，在英国皇家空军指挥部的作用下，由布拉凯特（Blackett，1897—1974）负责成立运筹学小组（布拉凯特于1948年曾获诺贝尔物理学奖）。当时成立的运筹学小组成员有数学家2人，数学物理学家2人，生物学家3人，天文学家、物理学家、陆军军人、测量技士各1人。他们进行了两项研究：

（1）雷达的最佳配置和高射炮的有效射击方法。

（2）运输舰的最佳编组以及对潜艇的有效攻击。

这一小组运用图表和数据，对战略后果作了预测分析，使雷达和高炮配合达到最佳状态。由于该小组卓有成效的工作，雷达的优越性充分体现出来。由原本平均每200发高射炮弹击落一架敌机，进步到平均每20发炮弹击落一架敌机。相比之下，尽管当时德国雷达在技术性能指标上优于英国，但德国人忽略了对包括雷达在内的防空系统的有关操作的研究，防空系统效果始终不如英国，由于决策正确，英国最后取得了胜利。这一研究不仅影响了第二次世界大战的进程，也催化了一门新学科的诞生。这门学科的特点是不增加和改变设备的性能，用合理的配制、调度和使用的方案来提高效率。这是一种"软科学"，完全依靠智慧的科学。

英国作战研究部把围绕雷达使用所进行的工作称为"Operations Research"（OR）。在钱学森的建议下，我国在20世纪50年代成立OR研究室。OR译成中文是什么意思？人们想起描写中国古代的军事家，能够"运筹帷幄之中，决胜千里之外"的话，将其译为"运筹学"。现在想来，这一译名真是再恰当不过了。运筹学在英国的出现，引起同盟国各国的重视，美国、加拿大等国先后成立了运筹学小组。到第二次世界大战结束时，军事运筹研究工作者估计超过700人。

1943年2月，第二次世界大战中的日本在太平洋战区已经处于劣势，为扭转局势，日本海军统帅山本五十六策划了一次军事行动：统率一支舰队从其集结地——南太平洋的新不列颠群岛的拉包尔出发，穿过俾斯麦海，开往新几内亚的莱城，支援困守在那里的日军。当美军获悉此情报后，美军统帅麦克阿瑟命令太平洋战区空军司令肯尼将军组织空中打击。山本五十六清楚地知道：在日本舰队穿过俾斯麦海的三天航行中，不可能躲开美军的空中打击，他想做到的是尽可量减少损失。日美双方的指挥官及参谋人员都进行了冷静的思考与全面的谋划。自然条件双方都是已知的。从拉包尔出发，开往莱城的海上航线有南北两条，航行时间均为 3 天。气象预报表明：未来 3 天，北线阴雨，能见度差；而南线天气晴好，能见度好。肯尼将军的轰炸机布置在南线机场，侦察机进行全天候侦查，但有一定的搜索半径。经测算，双方均可得到如下的估计。

局势 1：美军的侦察机重点搜索北线，日本舰队也恰好走北线，由于气候恶劣，能见度差，美军只能实施两天的轰炸。

局势 2：美军的侦察机重点搜索北线，日本舰队走南线，由于发现得晚，尽管美军的轰炸机群在南线，但有效轰炸时间也只有两天。

局势 3：美军的侦察机重点搜索南线，而日本舰队走北线，由于发现得晚，美军的轰炸机群在南线，而北线气候恶劣，有效轰炸时间只有一天。

局势 4：美军的侦察机重点搜索南线，日本舰队也恰好走南线，此时日本舰队迅速被发现，美军的轰炸机群所需航线很短，加上天气晴好，有效轰炸时间有三天。

这场海空对抗一定会发生，双方的统帅如何决策呢？

日军可以预见局势 4，肯定不走南线。美军知道日军也很聪明，所以判定日军走北线。那么美军战斗机搜索哪里呢？应避免局势 3，所以也走北线。实际战况正是如此：局势 1 称为现实，由于气候恶劣，能见度差，美军飞机在一天后发现日本舰队，基地在南线的美军轰炸机群远程航行，实施了两天的有效轰炸，重创了日本舰队（但未能全歼）。也正是由于战争的需要，运筹学才有长足的发展，并且成为一门科学。

2. 运筹学的管理起源

第一次世界大战前就已经发展成熟的古典管理学派，对运筹学的产生和发展影响很大。以泰勒（Taylor）、甘特（Gantt）、吉尔布雷思（Gilbreth）等为代表的古典管理学派，对企业管理的中心思想寻求一些方法，让人们自愿地联合与协作，保持个人的首创精神和创造能力，达到增加效率的目的。他们提出了管理的基本原则，研究了机构设置、权限、工厂布局、计划等一系列问题，也提出了刺激性工资制度。甘特提出黑道图现在已经发展为统筹方法，管理实践和管理科学的许多问题至今仍然是运筹学家关注的课题。

3. 运筹学的经济起源

经济学理论对运筹学的影响是与数理经济学派紧密相连的。数理经济学对运筹学，特别是对线性规划的影响可以从魁奈（Qusnay）1758 年发表的《经济表》算起，当时著名的经济学家瓦尔拉斯（Walras）研究了经济平衡问题，后来的经济学家对其数学形式继续研究并使之得以发展。1928 年，冯·诺依曼以研究二人零和对策的一系列论文为"对策论"奠基，在 4 年后又提出了一个广义经济平衡模型。1939 年，苏联的康托洛维奇发表了《生产组织和计划中的数学方法》。这些工作都为运筹学的发展起到了至关重要的作用。

4.4.3 运筹学的性质和特点

运筹学是普遍的科学，其从实践中产生以后，不再是对个别事物的分散研究，而是对统筹协调类问题的普遍研究，可广泛应用于工商企业、军事、民政事业等许多部门。运筹学强调以量化为基础，需要建立数学模型，为决策者提供定量的依据。运筹学依靠多学科的交叉，如综合运用经济学、心理学、物理学、系统学等学科中的方法。运筹学强调"整体最优"，它不考虑局部的优化，而是以整体最优为目标的。它从系统的观点出发，力图以整个系统最佳的方式来解决该系统各部门之间的利害冲突，给所研究的问题求出最优解。

4.4.4 运筹学的分支

1. 线性规划

线性规划是运筹学最成熟的一个分支。它最开始出现在生产组织管理和制订交通运输方案方面，后来波及更广的范围，小到一个班组的计划安排，大至整个部门，甚至国民经济计划的最优化方案分析，它都有用武之地。线性规划具有适应性强、应用面广、计算技术比较简便的特点。电子计算机的出现和日益完善，更推动了规划论的快速发展。

2. 非线性规划

规划论的另一部分是非线性规划，"非线性"的含义不能简单地用一次函数表示。它的基础性工作是 1951 年由库恩和塔克等人完成的，后来再逐步发展起来。

3. 图论

图论是一个古老但又十分活跃的分支，也是网格术的基础。1847 年，基尔霍夫应用图论的原理分析电网，从而把图论引进到工程术领域，20 世纪 50 年代以来，图论的理论得到进一步发展。将复杂庞大的工程系统和管理问题用图描述，可以解决很多工程设计和管理决策方面的最优化问题。

4. 决策论

决策就是根据客观可能性，借助一定的理论、方法和工具，选择最优策略、方案的过程。决策问题是由决策者和决策域构成的，而决策域又由决策空间、状态空间和结果函数构成。决策的类型，按决策者所面临的状态是否确定，可分为确定型决策、风险型决策与不确定型决策；按决策所达到的目标多少，可分为单目标决策与多目标决策；按决策问题的性质，可分为战略决策与策略决策等。

5. 博弈论（对策论）

有利害冲突的诸方为了各自的需要在竞争场合下做出决策，且各自的决策会互相影响，这种决策称为对策。在竞争过程中各方为了达到自己的目标和利益，必须考虑对手各种可能的行动方案，并力图选取对自己最为有利或最为合理的方案。博弈论就是一种研究对策行为中竞争各方是否存在着最合理的行动方案，以及如何找到这个合理的行动方案的数学理论和方法。

6. 排队论（随机服务系统理论）

1909 年，丹麦的电话工程师爱尔朗（Erlang）提出了排队问题。1949 年，他开始对机器管理、陆空交通等方面的排队论进行研究，逐渐奠定了服务系统的理论基础。排队论主要研究各种排队的队长、排队的等待时间及所提供的服务等各种参数，以便求得更好的服务。排队论是研究系统随机聚散现象的理论。

7. 可靠性理论

可靠性理论是研究系统故障以提高系统可靠性的理论，它研究的系统有两类：不可修复系统（如导弹），这种系统的参数是寿命、可靠度等；可修复系统（如一般的机电设备），这种系统的重要参数是有效度，即正常工作时间/（正常工作时间+事故修理时间）。

8. 搜索论

搜索，即寻找某种目标。搜索论研究的是在资源和探测手段受到限制的情况下，如何设计搜索的方案，并加以实施的理论。

4.4.5 现代运筹学实例

博弈论也是运筹学的重要分支，以下实例选自博弈论。

（1）纳什均衡。纳什均衡是指博弈中这样的局面：对于每个参与者来说，只要其他人不改变策略，他就无法改善自己的状况。纳什证明了在每个参与者都只有有限种策略选择并允许混合策略的前提下，纳什均衡一定存在。以两家公司的价格大战为例，价格大战存在着两败俱伤的可能，在对方不改变价格的条件下既不能提价，否则会进一步丧失市场；也不能降价，因为会出现赔本甩卖。于是两家公司可以改变原先的利益格局，通过谈判寻求新的利益评估分摊方案。相互作用的经济主体假定其他主体所选择的战略为既定时，选择自己的最优战略的状态，也就是纳什均衡。

（2）囚徒困境。假设两个小偷（A 和 B）联合作案，私入民宅行窃被警察抓住。警方将两人分别置于不同的两个房间内进行审讯，对每一个犯罪嫌疑人，警方给出的政策是：如果一个犯罪嫌疑人坦白了罪行，交出了赃物，于是证据确凿，两人都被判有罪；如果另一个犯罪嫌疑人也坦白了，则两人各被判刑 8 年；如果另一个犯罪嫌疑人没有坦白而是抵赖，则以妨碍公务罪（因已有证据表明其有罪）论处，再加刑 2 年，而坦白者有功被减刑 8 年，立即释放；如果两人都抵赖，则警方因证据不足而不能判两人的偷窃罪，但可以私入民宅的罪名将两人各判入狱 1 年。

关于第二个案例，显然最好的策略是双方都抵赖，结果是大家都只被判 1 年。但是由于两人处于隔离的情况，首先应该是从心理学的角度来看，当事双方都会怀疑对方会出卖自己以求自保，其次才是亚当·斯密的理论，假设每个人都是"理性的经济人"，都会从利己的目的出发进行选择。这两个人都会有这样一个盘算过程：假如他坦白，如果我抵赖，得坐 10 年牢，如果我坦白，最多才坐 8 年；假如他要是抵赖，如果我也抵赖，我就会被判 1 年，如果我坦白就可以被释放，而他会坐 10 年牢。综合以上几种情况考虑，不管他坦白与否，对我而言都是坦白了划算。两个人都会动这样的脑筋，最终，两个人都选择了坦白，结果都被判 8 年有期徒刑。

基于经济学中"理性的经济人"的前提假设，两个囚犯符合自己利益的选择是坦白招供，原本对双方都有利的策略不招供从而均被判处 1 年就不会出现。这样两人都选择坦白的策略以及因此被判 8 年的结局，"纳什均衡"首先对亚当·斯密的"看不见的手"的原理提出挑战：按照亚当·斯密的理论，在市场经济中，每一个人都从利己的目的出发，而最终全社会达到利他的效果。但是我们可以从"纳什均衡"中引出"看不见的手"原理的一个悖论：从利己目的出发，结果损人不利己，既不利己也不利他。

第 5 章 数学与音乐

5.1 毕氏琴弦调和律

文艺复兴时期，意大利的科学家往往身兼艺术家的角色，科学与艺术互动频繁。而漫长的中世纪通常被描绘成一个"无知和迷信的时代"。中世纪的艺术像绘画，将所要强调的人或物比例放大，其余则缩小，背景与配角人物只是点缀。它完全不讲究透视法，因此人物远近的铺陈与比例失真。当文艺复兴时期的数学家了解当时画家的透视技法后，他们开始想象——当我们从不同角度观看物体时，呈现在画纸上的样貌虽然不一样，但是由于都是针对同一物体，两边的成像应该具备一些相同的几何性质，这开启了射影几何的研究。数学是无穷之学，数学也是理性的音乐。自古以来，西方的数学与音乐就是一体的。数学家西尔维斯特说："音乐是听觉的数学，数学是理性发出的音乐，两者皆源于相同的灵魂。"近代作曲家伊戈尔·斯特拉文斯基（Igor Stravinsky，1882—1971）说："音乐的形式较近于数学而不是文学，音乐确实很像数学思想与数学关系。"

人类可以听到的频率范围是 15 ~ 20 000 Hz。猫、狗听力的上限是 60 000 Hz，而蝙蝠可以听到 80 000 Hz。声音由物体振动产生，许多的音经过排列组合构成音乐。拨弄琴弦，弦因作周期性的振动发出一个音，它有以下几个基本要素。

（1）音高：一个音的高低由弦振动的频率决定，频率越大，音越高。频率定义为每秒振动的周期数，其单位叫作 Hz，每秒振动一个周期数就是 1 Hz。

（2）音长：一个音持续时间的长短。

（3）音强：一个音的强弱，由振幅大小决定，振幅越大，音越强。

（4）音色：由音波的形状决定。例如，大提琴与钢琴的音色不同，就是波形不同所致。

（5）音程：衡量两个音的音高所形成的距离就叫作音程。任何两个音都有音程。

设两个音的频率分别为 f_1 与 f_2（不妨设 $f_1 < f_2$），如何定量地描述它们之间的音程呢？最常见的方法是采用频率的比值 $\dfrac{f_2}{f_1}$。定出音阶的频率比，是音乐的根本问题。

毕氏琴弦调和律：当两个音的频率成为简单整数比时，同时或接续弹奏，所发出的声音是调和的。

历史上著名的毕达哥拉斯学派，相信音乐的背后有数学规律可循。古希腊数学家、哲学家毕达哥拉斯（Pythagoras，约公元前580—约公元前500）是希腊音乐理论的开山鼻祖。他将数字观念应用在音乐上，对希腊和后来的欧洲音乐理论产生深远影响。毕达哥拉斯发现音律的过程是一段趣闻。有一天，毕达哥拉斯偶然经过一家打铁店门口，被铁锤打铁的有节奏的悦耳声音所吸引。他感到很惊奇，走入店中观察研究。他发现有四个铁锤的质量比恰为12∶9∶8∶6，其中9是6与12的算术平均，8是6与12的调和平均，9、8与6、12的几何平均相等。将两个一组来敲打都发出和谐的声音，并且12∶6＝2∶1的一组，音程是八度，12∶8＝9∶6＝3∶2的一组，音程是五度，12∶9＝8∶6＝4∶3的一组，音程是四度。

毕达哥拉斯经过反复的试验，终于初步发现了音乐的奥秘，归结出毕氏琴弦调和律：

（1）两音之和谐悦耳跟其两弦长之成简单整数比有关。

（2）两音弦长之比为4∶3、3∶2及2∶1时是和谐的，并且音程分别为四度、五度及八度。

数学史家埃里克·坦普尔·贝尔（Eric Temple Bell，1883—1960）曾说过："环绕在毕达哥拉斯身边有数不清的神奇现象，引动着他的好奇心并激发出无穷的想象力，但他却选择了对于思辨数学家很理想的一个科学问题：音乐的调和悦耳跟数有关系吗？如果有关系，是什么关系？他的老师泰勒斯研究摩擦琥珀生电的现象，这对他来说也是无比神奇的，但是他直觉地避开了这个难缠的问题。如果当初他选择数学与电的关系来研究，他会陷于其中而得不到结果。"毕达哥拉斯的理论后来被柏拉图在《论灵魂》中加以深入地讨论与发展。

5.2　音乐中的黄金分割

中世纪意大利数学家斐波那契（Fibonacci，1175—1250）提出宇宙万物间的一种自然比例。这个比例由一组数列而来，数列由两个1开头，接下来的每个数，都是前两个数字的和。于是得到1，1，2，3，5，8，13，21，34，55，89，144，…，不断继续下去。随着数字越来越大，前后两个数字的比例也渐渐固定下来。这个比例越来越接近自然界的黄金比例：$0.618 \approx \dfrac{\sqrt{5}-1}{2}$。黄金比例被人们称为"天然合理"的最美妙的形式比例。斐波那契数的递推方程、求解 Hanoi 塔问题的递推方程、编码问题的递推方程、顺序插入算法的递推方程都是常系数线性的递推方程，其中只有斐波那契数的递推方程是齐次的。著名的斐波那契数列 $\{F_n\}$ 可以定义为：$F_0 = 0$，$F_1 = 1$，$F_n = F_{n-1} + F_{n-2}$，$n \geq 2$。可以证明斐波那契数列 $\{F_n\}$ 的一般式为：$F_n = \dfrac{1}{\sqrt{5}}\left[\left(\dfrac{1+\sqrt{5}}{2}\right)^n - \left(\dfrac{1-\sqrt{5}}{2}\right)^n\right]$，$n \geq 0$。

定理1：$F_n = \dfrac{1}{\sqrt{5}}\left[\left(\dfrac{1+\sqrt{5}}{2}\right)^n - \left(\dfrac{1-\sqrt{5}}{2}\right)^n\right]$，$n \geq 0$。

证明：由递推关系知 $F_{n+2} = F_{n+1} + F_n$，根据组合数学中的特征方程理论得特征方程 $t^2 - t - 1 = 0$，解得 $t = \dfrac{1 \pm \sqrt{5}}{2}$ 为它的两个特征根。

设 $F_n = \alpha \left(\dfrac{1+\sqrt{5}}{2}\right)^n + \beta \left(\dfrac{1-\sqrt{5}}{2}\right)^n$，由 $F_0 = 0$，$F_1 = 1$，解得 $\alpha = \dfrac{1}{\sqrt{5}}$，$\beta = -\dfrac{1}{\sqrt{5}}$。

于是，$F_n = \dfrac{1}{\sqrt{5}} \left[\left(\dfrac{1+\sqrt{5}}{2}\right)^n - \left(\dfrac{1-\sqrt{5}}{2}\right)^n \right]$ 得证。

斐波那契数列其实是两个等比数列的差，第一个等比数列的首项是 $\dfrac{1}{\sqrt{5}}$、公比约为 1.618，所以逐渐上升到无穷大。第二个等比数列的首项是 $\dfrac{1}{\sqrt{5}}$、公比约为 0.618，所以逐渐趋近于 0。

定理 2：$\lim\limits_{n \to \infty} \dfrac{F_{n+1}}{F_n} = \dfrac{1+\sqrt{5}}{2}$。

证明：由定理 1 得

$$\lim_{n \to \infty} \frac{F_{n+1}}{F_n} = \lim_{n \to \infty} \frac{\left(\dfrac{1+\sqrt{5}}{2}\right)^{n+1} - \left(\dfrac{1-\sqrt{5}}{2}\right)^{n+1}}{\left(\dfrac{1+\sqrt{5}}{2}\right)^n - \left(\dfrac{1-\sqrt{5}}{2}\right)^n}$$

$$= \lim_{n \to \infty} \frac{\left(\dfrac{1+\sqrt{5}}{2}\right) - \dfrac{1-\sqrt{5}}{2}\left(\dfrac{1-\sqrt{5}}{1+\sqrt{5}}\right)^n}{1 - \left(\dfrac{1-\sqrt{5}}{1+\sqrt{5}}\right)^n}$$

$$= \frac{1+\sqrt{5}}{2}$$

即 $\lim\limits_{n \to \infty} \dfrac{F_{n+1}}{F_n} = \dfrac{1+\sqrt{5}}{2} \approx 1.618$，$\lim\limits_{n \to \infty} \dfrac{F_n}{F_{n+1}} = \dfrac{\sqrt{5}-1}{2} \approx 0.618$。

"天空的立法者"开普勒说："几何学中有两个宝藏：一个是毕氏定理，另一个是黄金分割。前者好比是黄金，后者如稀有的珍珠。"数学中的黄金分割比声名赫赫，这一比例在作曲领域也被广泛认可。钢琴键在一个 8 度中共 13 个键，由 8 个白键与 5 个黑键组成。其中，5 个黑键又分成 2 个一组和 3 个一组，正好和斐波那契数列（黄金分割数列）中连续的 5 个数字——2、3、5、8、13 重合。在创作一些乐曲时，音乐家会将高潮或者是音程、节奏的转折点安排在全曲的黄金分割点处。当乐曲之结构符合或近似黄金比例，则其黄金分割点应出现在全曲黄金数 0.618 或近似 0.618 处。将全曲小节数乘以 0.618，或更严谨地将节拍数乘以 0.618。此时若属黄金分割点，则此处应相当于该曲重要段落、附属主题、转调段落、主题再现部、发展部或是歌曲的副歌开始之处。比如，要创作 89 节的乐曲，其高潮便在 55 节处；如果创作 55 节的乐曲，高潮便在 34 节处。肖邦的《降 D 大调夜曲》，不计算前奏共有 76 小节。76×0.618 = 46.97，按照黄金分割法，高潮部分应该出现在 46 小节。而《降 D 大调夜曲》力度最强的高潮正是出现在 46 小节，可谓是对黄金分割的绝佳诠释。另据美国数学家乔巴兹统计，莫扎特的所有钢琴奏鸣曲中有94%符合黄金分割比例。美国一位音乐家认为："我们应当知道，创作这些不朽作品的莫扎特，也是一位喜欢数字游戏的天才。莫扎特是懂得黄金分割，并有意识地运用它的。"随着计算机技术的出现，音乐中的数学元素的存在感也越来越强了。人们把音程节奏、音色等素材都编成数码，一旦发出指令，计算机就能快速编写并演奏出乐曲来。

以莫扎特（Mozart）小提琴曲《协奏曲第三号》第一乐章的乐曲为例，此乐章为 G 大调、4/4 拍，曲式为奏鸣曲式，全乐章共有214小节，包括管弦乐前奏第 1 ~ 37 小节共 37 小节；独奏小提琴呈示部第 38 ~ 105 小节 共 68 小节；独奏小提琴展开部第一主题第 106 ~ 135 小节共 30 小节；独奏小提琴展开部第二主题第 136 ~ 155 小节共 20 小节；独奏小提琴再现部第 156 ~ 214 小节共 59 小节。此曲在独奏小提琴展开部第一主题结束时出现黄金分割点，其比值为 (37 + 68 + 30)/214 = 0.631，符合黄金分割法则。

再以维尼亚夫斯基（Wieniawski）所作之小提琴名曲《传奇曲》为例。该曲共191小节，可以明确分为三个段落。第一段呈示部第 1 ~ 67 小节，为 g 小调、3/4 拍，共 67 小节；第二段展开部第 68 ~ 147 小节，为 e 小调、4/4 拍，共 80 小节；第三段再现部第 148 ~ 191 小节，为 g 小调、3/4 拍，共 44 小节。如以一般"前段长后段短"黄金分割法则计算此曲，则其比值为 (67 + 80)/191 = 0.770，并不符合黄金分割法则。然而若以"前段短后段长"方式计算，则其后段小节数对全曲小节数之比值为 (80 + 44)/191 = 0.649，近似黄金数，符合黄金分割法。

5.3 弦振动的数学

人们对弦振动问题的研究由来已久。在钢琴、提琴等器乐演奏中，弦振动是一种音源，弦不同的主振动具有不同的音频和主振型，最低阶的音频称为基频，其整数倍的音频称为谐频，发出的声音称为泛音。弦被激励后发声，其中基频振动起主要作用，并伴有一些谐振动。我们听到的声音，是基音和泛音迭加后产生的结果。泛音越丰富，人们听到的声音就越优美。傅里叶分析就起源于弦乐器即弦振动问题。欧洲数学家在欣赏小提琴演奏时发现，小提琴演奏者用弓在琴弦上来回拉动，弓所接触的只是弦的很小一段。

数学家将音乐现象形式化为具体的数学问题后，对于任何琴弦而言，可以提出几个基本假设：弦只在 xy 平面上的 y 方向振动，平衡位置是 x 轴；弦很细，密度均匀，张力足够大，使弦具有完全弹性，并且重力与空气阻力皆可忽略不计；弦只做微小振动，故 ∂y、∂x 很小，并且张力在弦上任何一点的水平分量左右平衡，即没有 x 方向的运动。1747 年，图 5-1 所示的法国数学家让·勒朗·达朗贝尔（Jean Rond d'Alembert，1717—1783）发表了名为《张紧的弦振动时形成的曲线研究》的论文。在这篇论文中，达朗贝尔借由牛顿定律推导出了第一个偏微分方程（弦振动方程或波动方程）：

$$\frac{\partial^2 u}{\partial t^2} - c^2 \frac{\partial^2 u}{\partial x^2} = 0, \qquad c^2 = \frac{T}{\rho}$$

式中，T 为琴弦的拉力；ρ 为密度；c 为琴弦的传播速度。达朗贝尔证明了弦振动方程的解 $u(x, t)$ 可以表示为 $u(x, t) = f(x - ct) + g(x + ct)$。其中，$f$、$g$ 为二次可微函数。我们常用的泰勒定理，在探讨幂级数时表明了幂级数的系数具有唯一性并与函数的导数有关。泰勒定理说明了如果在开圆盘内各点可解析，则函数可展开成一个幂级数且系数与函数的微分值有关。在达朗贝尔之前，图5-2所示的英国科学家布鲁克·泰勒（Brook Taylor，1685—1731）研究了弦振动问题，并发表了小提琴弦的基本振动频率公式。它完全由琴弦的长度、拉力与密度所决定，但泰勒没有采用偏导数的概念，没有得到波动方程。

图5-1　让·勒朗·达朗贝尔　　　　图5-2　布鲁克·泰勒

波动方程是一个描述波形二阶变化率的微分方程，除了空间的变化率之外，还有时间的变化率。它是牛顿第二运动定律的产物，波动方程告诉我们"琴弦每一小段的加速度都与这一小段所受的拉力成正比"。图5-3所示的瑞士数学家莱昂哈德·欧拉（Leonhard Euler，1707—1783）从达朗贝尔的研究成果出发，也推出了有边界的波动方程，并且给出特殊的三角级数解：

$$u(x, t) = \sum_{n=1}^{\infty} a_n \sin \frac{n\pi x}{L} \cos \frac{n\pi ct}{L}$$

$$u(x, 0) = \sum_{n=1}^{\infty} a_n \sin \frac{n\pi x}{L}$$

这就是傅里叶级数的最初形式。1727年，图5-4所示的瑞士伯努利家族的丹尼尔·伯努利（Daniel Bernoulli，1700—1782）也研究了波动方程。他引入分离变数法，给出一般解都可以表示为无穷多个正弦迭加的结论。伯努利的结论与达朗贝尔及欧拉的结果有差异。后来，法国数学家约瑟夫·拉格朗日（Joseph Lagrange，1736—1813）也加入这场持续了将近一个世纪的论战。整个论战的核心就是哪种函数才可以表示成三角函数之和？这个问题被图5-5所示的法国数学家约瑟夫·傅里叶（Joseph Fourier，1768—1830）解决。1770年，拉格朗日对四次以下的方程式旧有解法作了突破性的分析：要解一个 n 次方程式 $f(x) = 0$，可以从辅助的方程式 $R(x) = 0$ 开始。如果辅助方程式能解，则原方程式可解。$R(x)$ 的根对应 $f(x)$ 的 n 个根的置换，也就是说 $R(x)$ 为一个 $n!$ 次多项式。达朗贝尔与欧拉所提出的新曲线都是三角级数的组合，傅里叶分析正是这场论战的结晶。康托的集合论与法国数学家亨利·勒贝格（Henri Lebesgue，1875—1941）的测度论，使数学家可以使用的函数比起以前的连续函数，增加了不少，在此基础上建立起来的三角级数理论也更加完整。

图5-3　莱昂哈德·欧拉

图5-4　丹尼尔·伯努利

图5-5　约瑟夫·傅里叶

　　傅里叶说过:"大自然是数学问题的丰富源泉!"他的研究成果是典型数学美的表现,证明了所有的声音都可以用数学的方式加以描述。同样,傅里叶的理论和方法还渗透到近代物理领域。数学史与科学史公认的划时代著作《热的解析理论》中记载了傅里叶与傅里叶积分的诞生。他在这部名著中发展出的方法以及解微分方程的工具,推动了19世纪以后数学的发展。

 拓展性习题

　　1. 试述傅里叶级数与傅里叶展开式的区别。
　　2. 简述数学与艺术的关系。
　　3. 试述毕达哥拉斯关于"数"的学说与"对立""和谐"原则之间的关系。

5.4 数学之美

什么是美？美是心借物的形象来表现情趣，是合规律性与目的性的统一（朱光潜语）。美是自由的形式：完好、和谐、鲜明。真与善、规律性与目的性的统一，就是美的本质和根源（李泽厚语）。马克思曾说："人类的社会生产活动是按照'美学原则'进行的。"当然，作为精神生产物的数学知识也是符合美学原则的。数学具有文学和艺术所共有的特点。数学在其空间形式、数量关系和思想方法上都具有自身的美，这就是所谓的数学美。数学美是具体、形象、生动的。数学美的起源遥远、历史悠久。自古希腊以来，随着几何学的精美结构和巧妙推理的发展，数学演变成了一门艺术。数学工作要满足审美要求。数学家哈代说："美是首要的标准；不美的数学在世界上找不到永久的容身之地。"庞加莱说："数学家首先会从他们的研究中体会到类似于绘画和音乐那样的乐趣；他们欣赏数与形的美妙的和谐；当一种新发现揭示出意外的前景时，他们会感到欢欣鼓舞。他们体验到的这种欢欣难道没有艺术特征吗？"美有两个标准：一切绝妙的美都显示出奇异的均衡关系（培根）；美是各部分之间以及各部分与整体之间固有的和谐（海森伯）。这是科学和艺术共同的追求，数学的美表现在其简洁、对称、和谐和奇异。

5.4.1 简洁美

简洁美不只存在于数学中，在艺术设计中也以简洁为基本要求，在简洁中亦希望尽可能有深刻的寓意。数学更以简洁著称，这种简单的价值可以与艺术中简单的价值放在一起来考虑。在数学中，人们对简洁的追求是永无止境的：命题的证明力求简单、完整，因此人们对某些命题证明在不断地改进；计算方法力求简单等。

1，2，3，4，5，6，7，8，9，0，这 10 个符号是全世界普遍采用的。它们被称为阿拉伯数字，不仅书写方便，而且运算灵活。实际上它们是印度人创造的，只是经阿拉伯人之手传播到欧洲。这是印度对人类文明的一大贡献，其意义是今天的人们不易觉察的。18世纪一位法国著名数学家曾说过："用不多的记号表示全部的数的思想，赋予它的除了形式上的意义外，还有位置上的意义。"例如，236 实际上是 $2\times100+3\times10+6$，它只要写成236 就表示清楚了。此外还有空位的问题，假若有个数字是 $2\times1\,000+3\times100+6$，现在我们能很容易把它写成 2 306 就可以，但在最初的数字符号系统中是没有 0 这个符号的。有的用一个点来表示：23·6；有的用一个方格来表示；有的干脆就拉开一点距离写，表示空一位。这些写法的不确定与不方便是显而易见的。直到使用了 0 这个符号，问题才得以解决。0 这个符号比其他符号的出现晚了好几百年。看看 23 006 这个数字，我们能更清楚地体会到 0 这个符号的特殊意义。

数学的简洁不仅表现在数字符号上，还表现在其他符号上，表现在命题的表述和论证上，表现在它的逻辑体系上。微积分是牛顿和莱布尼茨各自发现的，他们使用的微分符号却是不同的。牛顿的微分符号似乎也简单，比如 y 的微分用 $\dot{y}$ 表示，可是牛顿的这个符号对于高阶微分不便使用，并且不宜于表现微分与积分的关系，因此实质上并不简洁。相比之下，莱布尼茨的符号在这两方面都比牛顿的好，莱布尼茨的符号不仅简洁，而且反映了事物最内在的本质，减轻了想象的任务。诸如 $\int dy = y$ 这样优美的式子，是在莱布尼茨符号下才能出现的。优美与有效、理想与现实应是相互依存的。

数学符号是数学文字的主要形式，因此其也是构成数学语言的基本成分。数学语言是人类语言的组成部分，它与一般语言是相通的，而且可以说是以一般语言为基础的。但是，数学语言有其独特之处，有其独特的价值，它不仅是普通语言无法替代的，而且它构成了科学语言的基础。现代物理学离开了数学语言，就无法表达自己。不仅物理学，越来越多的科学门类用数学语言表述自己，这不仅是因为数学语言的简洁，而且是因为数学语言的精确及其思想的普遍性与深刻性。我们看看物理中的万有引力公式：$F = k\dfrac{m_1 m_2}{r^2}$，说的是任何两个物体之间都有引力存在，其大小与两物体质量之积成正比，与距离的平方成反比，这个公式很简洁也很深刻地反映了这一思想。

5.4.2 对称美

在日常生活中，我们可以看到许多对称的图案和对称的建筑物，很多绘画和文学作品中也利用了对称的手法。数学中的对称美更是展现了数学本身的一种魅力。在几何图形中，有所谓点对称、线对称、面对称。球形既是点对称的，又是线对称，还是面对称的。古希腊学者认为：一切立体图形中最美的是球形，一切平面图形中最美的是圆形。这种赞美，其原因很可能是基于球形、圆形的对称性。"共轭"关系也蕴含着"对称"性，比如复数 $z = x + iy$ 与复数 $\bar{z} = x - iy$ 是共轭的，在复平面上，这两个相应的点就是对称的。这种对称性还告诉我们一些可靠的结论，如假设 $z = x + iy$ 是某实系数多项式的根，那么对称的 $\bar{z} = x - iy$ 亦是其根。

"对偶"关系也可视为"对称"形式。在欧氏几何中，过两点可以作一条直线，但两条直线并不总有一个交点，即两条直线在平行时就没有交点。如果设想两平行直线在无穷远处相交，就形成完全对称关系了。法国数学家建筑师德萨格正是基于这种对称性的思考而推进了几何学的发展。在由德萨格初步建立起来的射影几何理论中，点与直线始终具有对称的重要特性，如两点确定一条直线，两条直线确定一点；不共线的三点唯一地确定一个三角形，不共点的三条直线唯一地确定一个三角形（这个三角形的一个顶点可能在无穷远处）等。这样，在欧氏平面几何中的定理与射影几何中的定理之间也构成了一种对称关系。在平面几何的定理中，若将其中的"点"换成"直线"，将"直线"换成"点"，就可得到相应的射影几何中的定理。例如，著名的德萨格定理：若两个三角形对应顶点的连线共点，则其对应边的交点共线。经过对称地变动，即得对偶定理：若两个三角形对应边的交点共线，则其对应顶点的连线共点，这成为射线几何的基本定理。对称还体现在许多公式和运算中。二项式展开显示出很强的对称形式，注意到

$$C_n^k = C_n^{n-k},$$

$$(a + b)^n = C_n^0 a^n + C_n^1 a^{n-1}b + C_n^2 a^{n-2}b^2 + \cdots + C_n^{n-2} a^2 b^{n-2} + C_n^{n-1} ab^{n-1} + C_n^n b^n$$

在上式中，a、b 的位置交换公式的结果不变。把等式右端的系数按 $n = 1$，2，3，$\cdots$ 排列起来就是

$$\begin{array}{ccccccccccc}
 & & & & 1 & & 1 & & & & \\
 & & & 1 & & 2 & & 1 & & & \\
 & & 1 & & 3 & & 3 & & 1 & & \\
 & 1 & & 4 & & 6 & & 4 & & 1 & \\
1 & & 5 & & 10 & & 10 & & 5 & & 1 \\
 & & & & & \cdots & & & & &
\end{array}$$

不用计算就可以根据对称性及上排的数字写出下排的数字，并且能够一直写下去。

集合运算中的下列公式也有对称性：

$$\overline{A \cap B} = \overline{A} \cup \overline{B} \qquad \overline{A \cup B} = \overline{A} \cap \overline{B}$$

在命题变换之中也存在对称关系。与原命题并存的有：逆命题，否命题，逆否命题。原命题与逆命题互逆，否命题与逆否命题互逆；原命题与否命题互否，逆命题与逆否命题互否；可是，原命题与逆否命题等价，逆命题与否命题等价。数学在概念上也存在对偶关系，如关于数列

$$x_1, \; x_2, \; \cdots, \; x_n, \; \cdots$$

如果其极限存在，有著名的柯西判别准则（即 $\varepsilon - N$ 法则），即"若对任意 $\varepsilon > 0$ 有某 $N > 0$，使得对任何 $n, \; m > N$ 有 $|x_n - x_m| < \varepsilon$，则该数列有极限。"对于上述数列不存在极限该怎么说，也是一种简单形式的对偶说法，只要将存在极限的上诉表达中的任何改换为某，同时把某改换为任何，而在最后不等式中将不等号改向，即得"若有某 $\varepsilon > 0$ 对任何 $N > 0$，存在某 $n, \; m > N$，使 $|x_n - x_m| \geqslant \varepsilon$，则该数列不存在极限。"数学中的不少概念与运算，都是由人们对"对称"问题的探讨派生出来的。数学中的对称美除了作为数学自身的属性外，也可以看成启迪思维与研究问题的方法。

5.4.3 和谐美

美是和谐的，和谐性也是数学美的特征之一。和谐即统一、严谨或形式结构的无矛盾性。数学的严谨、自然表现出它的和谐，为了追求严谨与和谐，数学家们一直在努力，以消除其中不和谐的部分，如悖论。悖论就是指这样的推理过程：它看上去是合理的，但结果却得出了矛盾。在很大意义上讲，悖论对数学的发展起着举足轻重的作用。数学史上被称作"数学危机"的现象正是由于某些数学理论不和谐所致，但通过消除这些不和谐事例的研究，反过来却导致和促进了数学本身的进一步发展。古希腊毕达哥拉斯学派的人认为：宇宙间一切现象都能归结为整数或整数之比。但毕达哥拉斯定理（在我国称为勾股定理）的发现，使人们在对数的认识上产生疑惑：两直角边长都是 1 的直角三角形斜边长是多少？

设它的长为 $\dfrac{m}{n}$，这里 m、n 既约，则 m、n 至少有一个为奇数。

由毕达哥拉斯定理：$1^2 + 1^2 = 2 = \dfrac{m^2}{n^2}$

故 $m^2 = 2n^2$ 是偶数，则 m 必为偶数，因此 n 是奇数。

设 $m = 2p$，则 $4p^2 = 2n^2$，$n^2 = 2p^2$，从而 n 是偶数，这与 n 是奇数的假设矛盾。

这是希帕索斯（Hippasus）最早发现的直角三角形弦与勾（股）不可通约的例子，被称为数学史上的第一次危机。这一发现引起毕氏学派的恐慌——但它却导致了无理数的出

现。危机的解除，大大推动了数学的发展。17 世纪，牛顿和莱布尼茨分别从不同的角度发明了微积分，这是数学分析的开端。以求速度为例，瞬时速度是 $\dfrac{\Delta s}{\Delta t}$，当 Δt 趋于 0 时的值，即 $\lim\limits_{\Delta t \to 0} \dfrac{\Delta s}{\Delta t}$，但人们要问：$\Delta t$ 是 0？是很小的量？还是什么其他东西？这种争论引出第二次数学危机。经波尔扎诺、阿贝尔、柯西、狄利克雷、维尔斯特拉斯、戴德金和康托洛维奇等人近半个多世纪的工作，把微积分建立在极限的基础上，从而克服了危机和矛盾。与此同时，实数理论也被建立，这样一来也导致集合论的诞生。

在 1900 年世界数学家大会上，庞加莱声称："今天我们可以宣称，数学的完全的严格性已经达到了！"与此同时，数学基础的矛盾——"悖论"也接踵而至。德国数学家康托尔创立了集合论，这是现代数学的基础，也是现代数学诞生的标志。1902 年，英国的罗素在《数学原理》中提出一个足以说明"集合论"本身是自相矛盾的例子——罗素悖论。罗素悖论是：以 M 表示是它们本身的成员的集合（如一切概念的集合仍是一个集合），而以 N 表示不是它们本身成员的集合（如所有人的集合不是一个人的集合）。现在我们问：集合 N 是否是它本身的成员。如果 N 是它本身的成员，则 N 是 M 的成员，而不是 N 的成员，于是 N 不是它本身的成员。另外，如果 N 不是它本身的成员，则 N 是 N 的成员，而不是 M 的成员，于是 N 是它本身的成员。悖论在于无论是哪一种情况，我们都得到矛盾的结论。

罗素悖论曾以多种形式将这一悖论通俗化。这些形式中最著名的是罗素在 1919 年给出的理发师悖论。某村的一个理发师宣称：他给所有不给自己刮脸的人刮脸。于是出现这样的困境：理发师是否给自己刮脸呢？如果他给自己刮脸，那他就违背了自己的原则；如果他不给自己刮脸，那么根据他的宣称，他就应该为自己刮脸。罗素悖论的出现不仅否定了庞加莱关于"完全的严格性已经达到了"，而且直接动摇了把集合论作为分析基础的信心。著名逻辑学家兼数学家弗雷格即将完成他的巨著《算术基本规律》第二卷时，他接到罗素的一封信，信中把集合论的悖论告诉了他，弗雷格在卷二的末尾写道："一个科学家不会碰到比这更难堪的事情了，即在工作完成的时候它的基础坍塌了。当这部著作只等付印的时候，罗素先生的一封信就使我处于这种境地。"现在人们把集合论悖论的出现和由此引起的争论合称为第三次数学危机。

集合论悖论给数学家们带来的震动是巨大的，由于集合论已成为现代数学的基础，因此集合论悖论的威胁就不仅局限于集合论，而遍及整个数学，甚至还包含逻辑，这就不得不使希尔伯特感叹道："必须承认，在这些悖论面前，我们目前所处的情况是不能长久忍受的。试想，在数学这个号称可靠性和真理性的典范里，每一个人所学的、教的和应用的那些概念结构和推理方法竟会导致不合理的结果。如果甚至数学思考也失灵的话，那么应该到哪里去寻找可靠性和真理性呢？"罗素等人分析后认为，悖论的实质或者说悖论的共同特征是"自我指谓"，即一个待定义的概念，用了包含该概念在内的一些概念来定义，形成恶性循环，如悖论中定义"是其本身成员的所有集合的集合"时，其中涉及"本身"这个待定义的对象。为了消除悖论，数学家们要将康托尔的"朴素集合论"加以公理化；并且规定构造集合的原则。例如，不允许出现"所有集合的集合""一切属于自身的集合"这样的集合。

1908 年，策梅洛（Zermelo，1871—1953）提出了由 7 条公理组成的集合论体系，人们将其称为 Z-系统。1922 年，弗伦克尔（Fraenkel，1891—1965）又加入 1 条公理，还用符号逻辑把公理表示出来，形成了集合论的 ZF-系统。再后来，还出现了改进的 ZFC-系统。这样，大体完成了由朴素集合论到公理集合论的发展过程。悖论虽然消除了，但是新系统的相容性并未证明。因此，庞加莱在策梅洛的公理化集合论出现后不久，形象地评论道："为了防狼，羊群已经用篱笆圈起来了，但却不知道篱笆内有没有狼。"这就是说，第三次数学危机的解决并不是完全令人满意的。悖论的产生使数学家们更加自觉地认识到数学基础的重要性。什么是数学的可靠基础？它在数学的内部还是外部？从 20 世纪初开始数学家们就此展开了激烈的争论和不懈的探索，由于哲学观点不同，数学家们基本上分成三大派：以弗雷德和罗素为代表的逻辑主义，以布劳威尔为代表的直觉主义，以希尔伯特为代表的形式主义。

5.4.4 奇异美

研究偶然性问题的概率论与研究确定性问题的平面几何本来是两个不同的数学分支。但是，法国数学家蒲丰（Buffon，1707—1788）却用随机投针的方法去求圆周率（π）。在 1777 年的某一天，蒲丰把一些朋友请到家里，他事先在一张大白纸上画好了一条条等距离的平行线，又拿出许多质量均匀、长度为平行线间距离一半的小针，请客人把针一根一根随意扔到白纸上，蒲丰则在旁边计数，结果共投了 2 212 次，其中与平行线相交的有 704 次。蒲丰随即用 2 212 除以 704，即 2 212/704≈3.142。然后说，这就是 π 的近似值。

蒲丰投针试验首创用偶然性方法作确定性计算，其意义十分重大，现在用几何概率的知识能够证实，用"蒲丰投针"的方法计算 π 是正确的，圆周率可以用随机试验的方法求得，在人们的意料之外，也让我们体会到数学的"奇异美"。庄子曰："判天地之美，析万物之理。"判天地之美就是发现和鉴赏宇宙的和谐与韵律；此析万物之理就是探索宇宙的规律。判美是为了求真。柏拉图说过："美是真理的光辉"，因此追求美就是追求真。爱因斯坦曾说过，当他发现研究的问题越来越复杂时，便会停下来思考，结果常常发现自己走上了错误的道路，因为他相信宇宙的真相是简单而完美的。

第 6 章 | 布尔巴基运动的衰落

　　尼古拉·布尔巴基（Nicolas Bourbaki）是 20 世纪一群法国数学家的笔名，起初的成员是 7 位数学家。20 世纪 20—30 年代，这些才华横溢的巴黎年轻数学家，不受权威束缚以寻找新的研究方向，组成了阵容强大的布尔巴基团队。1935 年学派成立时，7 位数学家分别是昂利·嘉当（Henri Cartan，1904—2008）、谢瓦莱（Chevalley，1909—1984）、迪奥多涅（Dieudonné，1906—1992）、德尔萨特（Delsarte，1903—1968）、曼德尔布罗特（Mandelbrot，1899—1983）、波塞尔（Bosal，1905—1974）和韦尔（Weil，1906—1998）。他们都喜欢那些思想统一并将不同领域的诸多问题整合起来的概念。他们发现，在巴黎高师流行的微积分课本中，许多定理的证明并不严谨，并且叙述定理时经常加上很多没有必要的条件。团队成员认为数学需要新的广泛的基础，力图出版一系列结构严谨的著作以取代老式教科书。他们在定期的聚会上激烈争辩，但都秉持共同的理想与极大的热忱。从 19 世纪以来，法国就有知名数学家撰写微积分课本的传统。当时的微积分课程比现在的微积分课程涵盖的内容要广泛，主要包含微分方程、复变函数、变分学、理论力学、微分几何及代数几何等。数学之鸟——布尔巴基学派，致力于出版一系列能将全部数学框架统一起来的教科书。数十年间，他们改造了 20 世纪数学的样貌，在代数、拓扑及相关几何领域收获颇丰。

　　2009 年，美籍英裔数学物理学家弗里曼·戴森（Freeman Dyson，1923—2020）的演讲"鸟和青蛙"让人们对数学有了更广泛的理解，让人们站在更高层面上对科学的发展进行思考。1953 年以后，戴森就一直在举世闻名的普林斯顿高等研究院担任教授，对美国科学界近几十年的发展动态十分了解。1956 年，他发表的《自旋波》论文受到无数引用，堪称物理学史上的重量级论文之一。戴森称《自旋波》或许是他一生中对世界最重要的贡献。戴森是一位优秀的科普作者，他重视普及性读物的撰写，先后出版了《全方位的无限》《武器与希望》《宇宙波澜》等多部深受读者欢迎的著作。在物理学上，从玻尔原子模型到量子力学的精确线性，再到非阿贝尔规范场。在数学上，从李群的非线性理论到离散对称群再到弦理论，戴森回顾并展望了物理和数学历史发展之后提出：数学的历史就是骇人听闻的困难问题，被初生牛犊不怕虎的年轻人干掉的历史。戴森认为有些数学家是鸟，而另一些则是青蛙。鸟翱翔在高高的天空，俯瞰延伸至遥远地平线的广袤的数学远景，他们喜欢那些统一我们思想并将不同领域的诸多问题整合起来的概念。青蛙生活在天空下的泥地里，只看到周围生长的花，他们乐于探索特定问题的细节，一次只解决一个问题。数学既需要鸟也需要青蛙。数学知识丰富而且美丽是因为鸟赋予它辽阔壮观的远景，而青蛙则澄清了它错综复杂的细节。数学既是伟大的艺术，也是重要的科学，因为它将普遍的概念与深邃的结构融合在一起。如果声称鸟比青蛙更好，因为它们看得更远；或者说青蛙比鸟更好，因为它们更深刻，那么这些都是愚蠢的见解。数学领域既有问题解决也有理论建设，这两种文化交互作用。数学世界深刻而辽阔，我们需要鸟和青蛙协同努力来探索。对于科学，戴森有一个钟爱的词语——颠覆。他的一生都在颠覆。诺贝尔物理学奖得主温柏格曾说："每当共识达成，就像湖水结冰一样，戴森都会不遗余力地敲碎冰层。"

韦尔出生于俄罗斯，他的父母都是犹太人，父亲是外科医师。韦尔年轻时就对代数几何与数论之间的联系感兴趣，他在博士论文中探讨了代数方程的有理数解。20 世纪 20 年代到 40 年代，法国资深的数学家中几乎没有人的专长是数论，年轻一辈中的第一个数论学者就是韦尔。第二次世界大战期间他拒服兵役，几经波折之后入狱。在卢昂的监狱中，韦尔整理函数体黎曼猜想的思路，写下一篇文章并宣布黎曼猜想已获证明。其实其中有一个重要的引例，并没有给予完整的证明。辗转赴美后，韦尔补足了该证明的前置工作。他引入抽样多样体的观念，为日后的抽象代数几何奠定了基础。1941 年，韦尔宣布发现函数体黎曼猜想的第二个证明。函数体黎曼猜想只是代数曲线的问题，如果 X 是定义在有限体的高维度的射影平滑多样体，与代数曲线对应的情况会如何呢？这就是有名的韦尔猜想。韦尔猜想是 20 世纪 50—80 年代许多代数几何学家研究的课题。图 6-1 所示的法国数学家让·勒雷（Jean Leray，1906—1998）与韦尔同年出生，同年辞世。让·勒雷是 1979 年以色列沃尔夫数学奖获得者。他们先后受教于巴黎高师，但他们在数学中研究的侧重点不同。韦尔注重结构的严谨，让·勒雷则视数学为建模的工具，从力学和物理问题中汲取灵感。在 1934 年的论文中，让·勒雷建构了纳维叶-斯托克斯方程的大域弱解，证明平滑的初始值致使弱解在有限时间内平滑且唯一。他极具原创能力，结合了偏微分方程的能量估计与代数拓扑的想法。在线性偏微分方程组的求解工具尚待研发之时，他竟然率先处理了非线性方程组。1950 年以后，让·勒雷致力于复数域的偏微分方程。他将留数定理及积分表示推广至多复变分析。让·勒雷始终是一位应用数学家，但他对几何和拓扑也做出了无人可比拟的贡献。

图 6-1　让·勒雷

1934 年，韦尔和嘉当在斯特拉斯堡大学担任助理教授，他们的主要职责之一是教授微分学和积分学。当时标准的授课用书是法国科学院院士古尔萨（Goursat，1858—1936）的《分析学》，但他们觉得这本书在很多方面讲得不是很到位。为了一劳永逸地解决所有问题，有一次韦尔提议由自己来写新书。提议一传开，便有十来位数学家决定和他一起编写新书。这本书属于集体著作，他们决定不彰显个人的贡献。1935 年夏，尼古拉·布尔巴基被选取为共同作者的笔名。所谓的布尔巴基学派就是由这些法国数学家组成的数学团体。布尔巴基学派创始成员早年追求的理想，到了 20 世纪 60 年代中期逐步实现。20 世纪 50 年代到 70 年代是布尔巴基学派的全盛时期。

6.1　布尔巴基结构主义

结构主义于 20 世纪 60 年代崛起，从 20 世纪 80 年代开始衰落。这种发展迅速但争议不断的运动，与后续的各种理论有着密切的关联。

1939 年，布尔巴基学派用集合之间的映射定义了函数：设 E 和 F 是两个集合，如果对每一个变元 $x \in E$，都存在唯一的变元 $y \in F$ 使其满足给定的关系，则称 x 和 y 之间的关系 f 为函数。在布尔巴基的定义中，E 和 F 不一定是数的集合。他强调函数是集合之间的一个映射。20 世纪 50 年代，团体成员以布尔巴基为笔名，出版了百科全书式的数学巨著《数学原理》。布尔巴基学派试图对整个数学建立一个大一统的系统，在这个体系下，需要一个统一的概念概括所有的数学分支，这个概念就是数学结构。他们认为，数学就是关于结构的科学，数学结构没有任何事先指定的特征。站在布尔巴基数学的视角上，现代基础数学的内容主要由集合论、代数学、一般拓扑学、实变函数、拓扑向量空间、积分论、交换代数以及李群与李代数组成。用纯演绎的方式，布尔巴基成员把整个数学建立在集合论的基础上。上百年形成的代数几何学，能否在抽象代数和拓扑的基础上构成一座严整的数学大厦？这一问题就成了布尔巴基观点的试金石。1935 年年底，布尔巴基的成员们一致同意以数学结构作为分类数学理论的基本原则。数学结构的观念是布尔巴基学派的一大重要发明。这一思想的来源是公理化方法，布尔巴基采用这一方法，反对经典划分中将数学分为分析、几何、代数、数论，而要以同构概念对数学内部各基本学科进行分类。他们认为，全部数学基于三种母结构：代数结构、序结构和拓扑结构。

结构是各种各样概念的共同特征，它们可以应用到各种元素的集合上。这些元素的性质并没有专门指定，定义一个结构就是给出这些元素之间的一个或几个关系。人们从给定的关系所满足的条件建立起某种结构的公理理论，就等于只从结构的公理出发来推演这些公理的逻辑推论。于是一个数学学科可能由几种结构混合而成，同时每一类型结构中又有着不同的层次。比如，实数集就具有三种结构：第一种是由算术运算定义的代数结构，第二种是顺序结构，第三种就是根据极限概念的拓扑结构。三种结构有机结合在一起，如李群是特殊的拓扑群，由拓扑结构和群结构相互结合而成。布尔巴基学派从一开始就打乱了经典数学世界的秩序，以全新的观点来统一整个数学。正如布尔巴基学派所言："从现在起，数学具有了几大类型的结构理论所提供的强有力的工具，它用单一的观点支配着广大的领域，它们原先处于完全杂乱无章的状况，现在已经由公理方法统一起来了。""从这种新观点出发，数学结构就成为数学的唯一对象，数学就表现为数学结构的仓库。"

《数学原理》对整个数学进行完全公理化处理，其首要目标就是研究"分析的基本结构"。《数学原理》的第一部分为：第I卷集合论、第II卷代数、第III卷一般拓扑学、第IV卷一元实变函数、第V卷拓扑向量空间、第VI卷积分论。从结构主义的视角来看，在三种基本结构（母结构）的基础上，通过添加性质和公理可以派生各种子结构，其中两种以上的结构可以通过添加新的条件产生出复合结构。例如在实数集中，如果 $a > b$，则 $a + c > b + c$，这样代数结构与序结构就被联系在一起了。再如，拓扑群是在群结构上通过引入拓扑结构得到的。H 空间（希尔伯特空间）是线性空间（代数结构）加上内积型拓扑（拓扑空间）所构成的数学系统。各个数学学派似乎从未停止过寻找大一统的、通用的概念来表达所有数学对象的努力，但是迄今为止，还没有一个概念可以完全概括所有数学分支。在数学分析中人们逐步认识到，尽管在许多情况下函数并不是数，但函数可以和数一样成为加减乘除的对象，实数、复数及函数，其实都是标准数学结构的少数实例。现代数学的发展多样性，已经很难用一个单独的概念将所有数学分支统统概括。反过来，数学分支的多样化使从一个分支得到的概念、结果、证明方法可以在其他看上去与其完全不同的分支中找到相同的思想。

6.2 "新数学"运动

受布尔巴基学派的影响，20 世纪 50—60 年代出现了"新数学"（New Math）运动。20 世纪 50 年代数学界的会议还不多，布尔巴基研讨会提供一个很好的机会帮助人们了解数学领域的新进展。但是，布尔巴基研讨会没有触及的主题并不是不重要。布尔巴基只有十多名成员，可能基于成员的能力或不易寻找合适的演讲人，有些重要的数学成果并没有在布尔巴基研讨会呈现。当布尔巴基学派得到初步成功之后，即 20 世纪 60 年代他们又进一步重建中学数学课程。他们以大数学家的身份编写中学教科书，这是法国数学教育上的一大变革。消息传到了美国，由学校数学研究组（School Mathematics Study Group，SMSG）编写了一套课本，推广到中小学使用，这就是所谓的新数学。在欧美各国掀起的学校数学教学内容现代化改革运动以及出现的各种新大纲和新教材，都是在结构主义的深刻影响下编写的。

20 世纪 60 年代，在数学教育中占据中心地位的席卷全球的"新数学"运动由美国率先带动。1957 年，苏联将世界首枚人造卫星送入太空，美国大为震惊。美国认为苏联之所以领先，是因为苏联的工程师是优秀的数学家。美国决定改革教育，加强民众的科学教育和数学能力。20 世纪 50—60 年代正是布尔巴基学派的结构主义思想时期，结构主义为新数学运动提供了理论基础。结构主义提供了一种理解数学本质的新方法、新认识和新视角。由这次改革而引起的争论，也涉及对于数学公理化方法的评论。

1984 年，图 6-2 所示的美国数学家麦克莱恩（MacLane，1909—2005）曾明确地表达过数学是研究结构的科学的观点："数学强调的是那些具有广泛应用和深刻反映现实世界某一方面的结构，换句话说，数学研究的是相互关联的结构。"布尔巴基学派把抽象数学，特别是抽象代数的内容引入了中学甚至小学的教科书中。新数学运动所倡导的数学教育现代化正是以结构主义思想来重建数学教育。这场数学教育现代化运动的核心是把中小学数学教学内容现代化，从中小学开始，用现代数学精确的语言去传授公理化的数学体系。

图 6-2 麦克莱恩

布尔巴基纲领是笛卡儿风格的极端表现。布尔巴基学派通过带入以前并不存在的逻辑连贯性，推动从具体实例到抽象共性的发展。这些举措改变了下一个 50 年的数学风格。在布尔巴基学派的格局中，数学是包含在布尔巴基教科书中的抽象结构。他们缩小了数学的规模，以至于具体实例都不再是数学。新数学运动的倡导者大多是大学教授，他们并不能准确地把握中小学数学中形式化与抽象概念各占多少比例才合适；倡导者没有中小学教学经验，很难以中小学生能够理解的方式来讲授数学；他们坚持要求授课教师在教学时使用集合论语言。新数学运动的主要特征是对于抽象分析、数学知识内在逻辑结构的片面强调。20 世纪 70 年代初，美国出版了一本评论专著《为什么小约翰不会计算——新数学的失败》，该书的作者指出："仅仅强调公理方法，对于数学的发展是不够的；否认直观，不仅不可能教好数学，而且也不可能使数学本身的发展取得本质性的突破。这里所说的正是数学公理化方法在应用上的局限性。" 在新数学运动盛行时，学生既没学会纯数学中的猜想、证明、推广与再猜想的循环研究程序，也没学会把实际问题数学化再用数学解决问题的方法。新数学运动把集合论中最粗浅的部分夸大了，使其凌驾在整个中小学数学之上，让学生丧失了学习初等数学中其他重要课题的机会。事实上，由于新数学运动违背了基本的认知规律，因此其未能改善中小学数学，反而造成了数学教育质量的明显下降。

新数学运动最终未能逃脱失败的命运。20 世纪 70 年代，作为对于新改革的一种颠覆，"回到基础" 又成为美国数学教育界的主要口号，其基本特征则是对于基本知识与基本技能的强调。但是，近 10 年的实践却证明这一运动并没有达到真正提高数学教育质量的目标，而且即使就所说的基本知识与基本技能的掌握而言，反复讲授与大量练习也并未实现预期目标。在经历了上述的曲折发展以后，人们的注意力又重新回到了"问题解决"之上。结构主义视角难以掩饰的盲区，就是非结构或难以结构化的数学对象与系统。而对非结构的数学对象与系统的研究，恰恰是 20 世纪下半叶以来，数学与科学知识创新图景中一个突出和显著的特点。只有突破"结构性"的框架与教条，消除结构主义视域的盲区，克服知识的内在局限性，结构主义的范式悖谬性才能得以消弭并有可能获得新的生机。

6.3 结构主义与形式主义的差异性

《数学原理》全书有数十册，1939—1973 年便已经出版了 36 册。布尔巴基学派的基本态度是从最抽象的数学体系谈起，然后才逐渐特殊化。讲完一般拓扑学和线性代数后，才能讲拓扑向量空间；讲完拓扑向量空间后，才能讲实变函数。拓扑学关心的是大局，不在乎拉伸、压缩之类的连续形变。如椭球面压一压就变成球面了，它们就被视为一体。庞加莱猜想中的单连通，经连续收缩后会变成一点如球面是但轮胎面不是。这种由广入狭的次序，把数学组织得既简洁又明朗，很多数学家对此颇为欣赏。布尔巴基人信奉"结构主义"思想。他们认为数学研究的问题是结构，即代数结构、拓扑结构和序结构。代数结构关心的是代数运算，拓扑结构与"连续"的概念有关，是分析学研究的对象，而序结构像实数那样考虑的是大小关系。布尔巴基所写的几十册书全是遵循结构主义思想的结晶，这些著作注重理论概念的结构分析，对不同结构分门别类，全书材料经过整理归纳，各就各位，论题所在位置恰到好处，具有严密的逻辑性。

随着 19 世纪末分析严格化的最高成就——集合论的诞生，数学家们都希望摆脱数学基础所面对的危机。20 世纪初，为克服朴素集合论悖论，构建坚实数学基础的问题再次变得迫切。形式主义学派认为数学的真理性体现在其不矛盾性。只需要证明由数学公理出发永远推不出矛盾，数学便是可信赖的了。主张数学系统公理化，公理和规则都用形式符号表示，对这些形式符号不赋予任何内容。只需证明形式地描述不加定义的物件之间关系的公理系统的无矛盾性，数学的无矛盾性就得到了证明。希尔伯特提出了先把数学理论变成形式系统，再用有穷方法证明形式系统无矛盾性的著名的"希尔伯特纲领"。希尔伯特对形式理论的乐观中隐含着他的实证主义，即所有数学问题都可以被解决的信念。他的名言"我们必须知道，我们必将知道"被人们镌刻在他的墓碑上。希尔伯特和他的同事被称为"形式主义者"。形式主义者提出的希尔伯特方案致力于把全部数学纳入公理化方法中。20 世纪上半叶，数学家重新构筑各分支学科的根基，有很大的一股潮流就是公理化运动。从 1933 年起，现代概率论的公理系统、几何学基础、数理逻辑基础等被陆续建立。经过这些运动的冲击，现代数学才有了非常牢靠的根基。人们把这个时期称为希尔伯特时代。

1899 年，希尔伯特出版著作《几何学基础》，该书被誉为半形式化公理学的代表作，同时他也是举世公认的"现代数学中公理化方法的奠基人"。他在该书中提出了 1 个比较完美的初等几何公理系统，其中包含 6 个基本概念（点、直线、平面、合同于、介于、属于）以及描绘这 6 个基本概念之间相互关系的 20 条基本命题。实际上，这 20 条基本命题就是 6 个基本概念的隐定义。1931 年，图 6-3 所示的美国数学家库尔特·哥德尔（Kurt Godel，1906—1978）发表了不完备性定理，表明了形式主义的整体目标永远不能彻底实现。

图6-3　库尔特·哥德尔

　　为了重建数学基础，布尔巴基学派应运而生，逐渐崭露头角并迅猛发展，对 20 世纪纯粹数学的发展产生了深刻的影响。关于对数学的定义，布尔巴基学派说："数学好比是一座大城市，其郊区正在不断地并且多少有些混乱地向外伸展，与此同时，市中心又在时时重建，每次都是根据构思有了更加清晰的计划和更合理的布局，在拆毁旧的迷宫式的大街小巷的同时，修筑新的更直、更宽、更方便的林荫大道，通向四面八方。"无论是从哲学还是数学的视角看，形式主义与布尔巴基结构主义之间既有难以分割的联系，又有许多本质上的差异。

　　布尔巴基的结构思想得益于数学，19 世纪中叶以来在各个知识领域的繁荣与进步。从本质上来说，结构主义是形式化公理方法在方法论上的新发展，形式化公理方法着眼于探讨每个数学分支的公理化，而结构主义则是着眼于探讨整个数学大厦的公理化。其是一种先从全局来分析各个数学分支间的结构差异和内在联系，再对每门数学深入分析其基本结构的组成形式。抽象数学概念主要通过概念隐喻来表征与加工。与形式化公理方法相比，结构主义是对数学理论深层次的抽象和概括，特别是像群、域、环、向量空间这样一些基本的抽象结构，为处理各种数学对象及其关系奠定了基础。利用这些结构的一般性质，可以轻易得到以前由一些复杂的特殊论证和计算才能得到的结论。例如，序拓扑是序结构与拓扑结构的有机结合，布尔代数是代数结构与序结构的有机结合，拓扑群是拓扑结构与代数结构的有机结合等。

　　这样，不仅有助于发掘各个数学理论之间的内在亲缘关系，解除数学理论之中的非本质界限，而且有助于扩大数学理论的应用范围。但数学不是全部由"结构友好"的学科构成的，即当非结构化或难以结构化的客体后续逐步成为数学关切的对象时，结构主义的视角就会出现散焦、无视或难以辨认等现象。可见，由于坚持结构论，布尔巴基在面对数学知识更多的创新时开始"失语"并逐渐迷失，并最终陷入知识论和认识论的僵局。

　　布尔巴基的数学观与现代数学三大学派之一的形式主义学派相一致，他们是希尔伯特的门徒数学家，而不是图 6-4 所示的法国数学家儒勒·昂利·庞加莱（Jules Henri

Poincaré，1854—1912）的接力者。庞加莱对数学物理、天体力学都有基础性贡献。他在研究三体问题时发现了混沌确定性系统。庞加莱在自守函数与非欧几何、微分方程与天体力学、偏微分方程与数学物理、电磁学、代数拓扑、数学哲学方面都有深邃的创见。这都不是年轻的布尔巴基成员在 20 世纪 40 年代到 50 年代所能欣赏的。庞加莱是拓扑学的奠基者，并提出著名的庞加莱猜想：每一个闭的单连通三维流形同胚于三维球面。2002—2003 年，俄罗斯数学家格里戈里·佩雷尔曼（Grigori Perelman，1966—）展示了 3 篇论文。后来经过几个研究小组的核查，确信其论证正确，宣告庞加莱猜想的破解。此难题的破解恰好经历了 100 年。而公理体系与抽象的结构主义是布尔巴基学派几十年如一日挥舞的两面旗帜。他们信奉的是：数学的统一性，公理方法以及结构的研究。从一定意义上讲，布尔巴基结构主义就是形式主义纲领在数学层面上的一种实现。这在 1947 年出版的以尼古拉·布尔巴基署名的文章《数学的结构》中有进一步的阐述。

图 6-4　儒勒·昂利·庞加莱

　　布尔巴基有着属于自身的缺憾，他们对于物理、概率论以及应用数学的了解不够。他们用少数人的力量掀起一场数学的"法国大革命"，是 20 世纪数学史的一件大事。布尔巴基结构主义与形式主义数学的差异性主要体现在以下 5 个方面：

　　（1）与形式主义的绝对主义数学哲学主张相比，布尔巴基数学哲学显现出一种动态相对性，并因此拉开了与形式主义的距离，同时也构成了与形式主义的哲学分野之一。

　　（2）与形式主义试图一劳永逸地解决数学基础问题的看法不同，按照布尔巴基的说法，数学虽然有 3 种基本的母结构，但却可以通过添加新的结构性质来构建新的结构类型。这也就意味着，数学不是一个单一的知识体，而是一个彼此交互作用的动态知识生物体，这是与形式主义纲领的一个根本性差异。

　　（3）布尔巴基从根本上放弃了元数学的立场，在布尔巴基的数学宏图中，直接把研究的视角对准 20 世纪的纯粹数学，加快了当代数学的整体重建。

　　（4）与形式主义的基础统一性相比，布尔巴基追求的是结构的统一性。

　　（5）布尔巴基开创了一种新的数学研究范式，布尔巴基是数学共同体紧密合作的范例。

拓展性习题

1. 什么是"布尔巴基结构主义范式"?
2. 为什么布尔巴基运动会衰落?
3. 试述集合论是如何诞生的。

第 7 章 | 数学证明

　　证明在数学中占有重要地位，数学教材里的定义、公理、定理、推论和证明随处可见。数学推理呈现了人类理性最纯粹的方面，这种理性思维所构成的证明，被公认为是数学引导人思考最重要的特质。数学学习经常遵循这样的方式进行，其中证明的抽象程度也有不同的层次。阿基米德说："我先用力学杠杆原理的方法得到发现，然后才用几何方法加以证明。"他强调先从探索的过程得到发现或猜测，然后才有证明。阿基米德把抛物线弓形的平面领域想象为由一条条线段所组成。他制造出一个杠杆来测量这些线段，得出抛物线弓形领域的面积为 $\frac{4}{3}$。这种论述阿基米德不认为是证明，只是一种合理的猜测，后续还要经过严格的论证才能加以确认。阿基米德严格论证的工具就是穷尽法与归谬法。

　　公元前 300 年，古希腊数学家欧几里得在他的数学界经典著作《几何原本》中，通过定义、公设、公理及证明过程逐步推论出数学定理。《几何原本》对人类科学发展最大的贡献，不是知识本身而是总结这些知识所采用的公理化方法。相当多的数学史学家认为数学证明是古希腊人发明的，而只有依照公理→演绎程序所呈现的步骤，才能够被当作数学证明。演绎法与计算公式被视为两种完全不同的形式，而只有建立在公理→演绎框架下的演绎证明，才是唯一可能的数学证明。计算公式仅适用于个例，而且没有重要的理论价值，数学证明才是真正重要的课题。现代数学的产生和欧氏几何所开创的公理化方法有很大关系。在探求数学真理面对未知时，首先遇到的是无穷多的可能性；接着是从无穷多的可能中进行抉择，在创造或发明的过程中得到公式或定理；最后还要区别于其他任何学科对其进行证明。证明是对无穷的一种巩固和征服。但数学并不等同于证明。理性力学建立公理体系，以数学演绎推导力学理论，提出严格的数学证明。理论和定理的差异并不在于归纳与演绎的两种思考方式，而是在于客体与主体之分。基于客体和主体的差异，理论的验证靠证据，而定理的验证则是靠证明，这是数学与科学的基本差异。17 世纪的牛顿了解到微积分基本定理的重要性，承继前人零碎的知识，系统地发展微分的技巧。将微分与积分经由微积分基本定理关联在一起，进而创造出微积分，又将其成功地应用到物理上。从现代数学的标准来看，直到 19 世纪，人们把实数、函数、极限、微分与积分的概念弄清楚之前，微积分基本定理的证明都是无法进行的。牛顿的创造过程中一定存在证明，但那些证明可能不严格，而且也不是最重要的。

7.1　什么是数学证明

受 20 世纪初关于数学基础的争论，特别是逻辑主义与形式主义观点的影响，很多人对数学证明的看法是：从基本假设出发，按照逻辑手法严谨地推导出要证明的结论，甚至有些人还把数学与证明等同起来。科学哲学家伊恩·哈金（Ian Hacking）采用历史谱系学的方法，从数学发展史中去探究哲学家对于数学的态度。哈金以追溯历史的方式，在古希腊的源头找出了问题的答案。他认为柏拉图的理念影响了后来的追随者。柏拉图引导人们创造出一系列迷人的数学概念，他是"以证明为主的数学模式"的代理人。是什么力量让众多优秀的哲学家，对于数学的本质与结构着迷？哈金认为，最重要的理由就是数学证明，数学证明深刻启发了欧洲的哲学与神学。数学发展定理，而定理非真理。哈金看出数学证明的经验影响了哲学的许多核心领域，而这些与数学并不见得有什么关联。1903 年，图 7-1 所示的英国哲学家、数学家、逻辑学家伯特兰·阿瑟·威廉·罗素（Bertrand Arthur William Russell，1872—1970）说过："纯粹数学就是以下形式的命题的集合：p 蕴涵 q（若 p 则 q），p 和 q 都是命题。"1956 年，图 7-2 所示的分析哲学创始人之一路德维希·约瑟夫·约翰·维特根斯坦（Ludwig Josef Johann Wittgenstein，1889—1951）也表示"数学是各式各样的证明技巧"。

图 7-1　伯特兰·阿瑟·威廉·罗素　　图 7-2　路德维希·约瑟夫·约翰·维特根斯坦

数学证明是指在一个特定公理系统中，根据一定的规则或标准，由公理和定理推导出某些命题的过程。数学证明一般依靠演绎推理，而不依靠自然归纳和经验性的理据。依据基本概念、基本假设、公理及已经证实为正确的命题，判断命题"若 p 则 q"是否正确，而且推理手法合乎逻辑，这个过程就是数学证明。这样推导出来的命题也称为该系统中的定理。

证明定理可以说是数学家磨炼能力的最好办法。虽然创造理论相当重要，但如果能证明一系列相关定理也许就创造了某种理论。一套理论之所以能为人所接受，是因为其有说服人的能力。说服的方法有类比法、归纳法、验证法和演绎法等。笛卡儿说："为了用列举法证明圆的周长比任何具有相同面积的其他图形的周长都小，我们不必考察所有可能的图形。只需对几个特殊图形进行证明，结合运用归纳法，就可以与对所有其他图形都进行证明得出相同的结论。"归纳法是一种特别的逻辑原则，既不能从经验中获得，也不是一般单纯逻辑的推理。古希腊早期就奠定了演绎法的基础。演绎法分两部分，一部分是前提、假设或公理作为演绎的出发点；另一部分是证明，即从出发点推演到结论的过程。只有透过公理系统，经由某种演算方式，计算出待证明定理在任何情况下都是真的，这样才算是证明了该命题。

数学的证明方法有直接证明法和间接证明法。从正面证明命题真实性的证明方法叫作直接证明法。凡是用演绎法证明命题真实性的都是直接证明法，最常见的方法有综合法、分析法和分析综合法。

（1）综合法：从已知条件入手，运用已经学过的公理、定义和定理等进行推理，一直推到结论为止。这种思维方法叫综合法，它是"由因导果"，即从已知到可知，从可知到未知的思维过程。

（2）分析法：从问题的结论入手，运用已经学过的公理、定义、定理，逐步寻觅使结论成立的条件，一直追到这个结论成立的条件就是已知条件为止。可见，分析法是"执果求因"的思维过程，它与综合法的思维过程相反。分析法属于逻辑方法范畴，它的严谨体现在分析过程步步可逆中。在操作中"要证""只要证""即要证"这些词语是不可缺少的。

（3）分析综合法：把分析法和综合法"联合"起来，从问题的两头向中间"靠拢"，从而发现问题的突破口。对于比较复杂的题目，往往采用这种思维方法。在证明的过程中，分析法、综合法常常是不能分离的。分析综合法充分表明分析与综合之间互为前提、互相渗透、互相转化的辩证统一关系。分析的终点是综合的起点，综合的终点又成为进一步分析的起点。

不直接证明论题的真实性，而是通过证明论题的否定论题的不真实，或者证明它的等效命题成立，从而肯定论题真实性的证明方法，叫作间接证明法。最常见的间接证明法有反证法、同一法、不完全归纳法、完全归纳法和数学归纳法。

（1）反证法。反证法就是从否定命题的结论入手，并把对命题结论的否定作为推理的已知条件，进行正确的逻辑推理，使结论与已知条件、已知公理、定理、法则或者已经证明为正确的命题等互相矛盾，因为矛盾的原因是假设不成立，所以肯定了命题的结论，从而使命题得到了证明。

（2）同一法。两个互逆或互否的命题不一定是等效的，只有当一个命题的条件和结论都唯一存在，且它们所指的概念是同一概念时，该命题与其逆命题才等效，这个原理叫作同一原理。对符合同一原理的命题，当直接证明有困难时可以改证与它的等效的逆命题，这种证明方法叫作同一法。

（3）不完全归纳法。从一个或几个（但不是全部）特殊情况作一般性结论的归纳推理叫作不完全归纳法，又叫作普通归纳法。

（4）完全归纳法。在研究了事物的所有（有限种）特殊情况后得出一般结论的推理方法叫作完全归纳法，又叫作列举法。与不完全归纳法不同，用完全归纳法得出的结论是可靠的。通常，在事物包括的特殊情况数不多时采用完全归纳法。

（5）数学归纳法。数学归纳法是一种证明可数无穷个命题的技巧。要证明以自然数 n

编号的一串命题，先证明命题 $n = 1$ 时成立，再证明当命题 n 成立时，命题 $n + 1$ 也成立，则对所有的命题都成立.

有些定理会由数学家用不同的方法加以证明，像毕达哥拉斯定理就有 370 多种证法。随着对证明严谨性要求的提高，使许多定理的证明重新被考查。高斯对代数学基本定理先后提出 3 种证法，对二次互逆律共提出 7 种证法，其目的是从不同的角度来看待这些定理，使有些证法更简单或有些证法可以推广到更复杂的情形。到了现代，数学的证明越来越讲求严格性，但寻找有意义的定理仍然是数学创造的泉源，而证明有意义的定理才会给数学带来发展。

7.2　数学证明与科学叙事

叙事是一种将素材组织进行特殊模式以表现和揭示经验的感性活动，也是一种将时空性的材料组织进时间因果链条之中的方式，这一因果链条具有开端、高潮与结尾，表现出对事件本质的判断，也证明它如何指导并因此来讲述这些事情。数学叙事是指用以沟通或建构数学意义的一种叙事。其建立在逻辑基础上，包含若干程度自然语言的数学证明，也可能会产生一些含糊的部分。除了逻辑性和形式化语言以外，数学证明还具有方法论价值、文本修辞学和诠释学意义。尽管历史学家常常将修辞学定义为一门补充学科，但修辞学是一种新的、强大的数学体系产生的"材料"。在经验主义的鼎盛时期，牛顿和莱布尼茨认为无穷小是昙花一现，无法诉诸经验主义和几何验证。相反，无穷小在围绕它的修辞论证中找到了它的实质，这最终促进了科学和数学实践中认知的转变。莱布尼茨认为世界是数理逻辑的，一切都可以被符号化。他希望建立一种全人类可以通用的高度符号化的语言，以期依托数理逻辑来解决世界和认识的问题。1710 年，莱布尼茨在《神正论》中提出建立"普遍语言"的设想，由此掀起了以弗雷格为代表的分析哲学家创造人工语言的热潮。莱布尼茨的梦想之一就是要发展一套普遍数学，使一切都可以化为计算与推理。他认为，所谓的普遍数学就是想象力的逻辑理路。

笛卡儿也曾致力于探究"任何问题都可以划归为数学问题，任何数学问题都可以划归为代数方程，任何代数问题都可以划归为方程式的求解"。西方古典数学是几何式的，在研究代数问题时经常使用几何方法。笛卡儿坐标的提出，将繁复的几何问题化约成有确切方法的代数问题。这使数学家能通过清楚的代数方法，去重新将看似不相关的几何物体进行深刻的分类。有了笛卡儿坐标，才能开启全新的几何领域，才能用分析的方法研究函数。笛卡儿说："数学让人类成为大自然的精通者和拥有者。由例子的考察，我就可以形成一个方法。""我每解决一个问题就形成一个规则，以备将来可以解决其他的问题。"笛卡儿的"万能代数方法"以及莱布尼茨的"普遍语言"，都是数学界对"元叙事"的一种追求。但这样的构想都遭受到不同程度的失败。元叙事也被称为"宏大叙事"，是无所不包的叙述，具有主题性、目的性、连贯性、统一性和合法化功能的叙事。1979 年，元叙事这一术语由法国哲学家利奥塔（Lyotard，1924—1998）首先提出。元数学即"证明数学的数学"，在 19 世纪初从通常的数学中分离出来。元数学是一种用来研究数学和数学哲学的数学，是一种将数学作为人类意识和文化客体的科学思维或知识。同样，数学证明中不存在悬置于一切知识之上的"元叙事"模式。数学证明的严格性是相对的，因此在数学中并不存在绝对真理。

数学证明是一种不断变化的具有共同体特征的科学叙事，并不是从前提到结论由纯粹逻辑链构成的完美文本。数学证明的建构过程包含了许多重要的过程，如探索、猜想、非形式化解释、论证以及形式化证明等。每一部分涉及的命题式逻辑都反映出学生在进行数学活动时推理方面的认知结构。数学学习不仅是一种解释的活动，而且也是一个对数学对象的社会意义进行理解的过程。数学学习是对由文化历史所传递给我们的数学作出意义赋予的过程。相对于数学概念的外在表现形式"符号"而言，所谓的意义赋予就是一个解释的过程。当我们进行数学证明时，通常首先设定某些客体以及它们之间的关系，数学理论的发展主要通过逻辑演绎延伸数学对象之间的关系。证明论由形式主义学派代表人物希尔伯特所创立。希尔伯特将元数学等同于证明论。关于数学的证明，希尔伯特计划包含 3 个问题：

（1）数学是完整的吗？也就是说，有没有办法证明所有的正确观点呢？每个正确观点都有证据吗？

（2）数学是一致的吗？也就是说，数学有没有矛盾？

（3）数学是可判定的吗？也就是说，是否存在一种算法，可以始终确定某个数学观点是否遵循了公理？

希尔伯特确信，这 3 个问题的答案都是肯定的。在 1930 年的一次会议上，希尔伯特就这些问题发表了激烈的演讲。在演讲的结尾，他以一句话总结了自己的形式主义梦想："我们必须知道，我们也终将知道！"冯·诺伊曼也曾把证明论的思想概括为 4 个步骤：

（1）罗列出在系统中所使用的所有符号。

（2）列出所有在经典数学中被列为有意义类的陈述的组合。

（3）给出一个构造的程序，借助于程序构造出相当于经典数学中的"可证明的"陈述的所有公式，这样的构造程序被称为本系统中的"证明"。

（4）采用有限的组合方式去对那些与在经典数学中采用有限性算术方法得到的陈述相应的公式加以证明。

杨振宁先生曾说："理论物理的工作是'猜'，而数学讲究的是'证'。理论物理的研究工作是提出'猜想'。一旦猜想被实验证实，这一猜想就变成真理。而数学就不同了，发表的数学论文只要没有错误，总是有价值的。因为那不是猜出来的，而是有逻辑的证明。逻辑证明了的结果，总有一定的客观真理性。"数学上的证明包括非形式化的证明和形式化证明。非形式化的证明是以自然语言写成的严密论证，用来说服听众或读者去接受某个定理或论断的正确性。这种证明使用了自然语言，其严谨性取决于客体的理解程度，常常出现在应用场合中。形式化证明不是以自然语言书写，而是以形式化语言书写的。在数理逻辑中，这种语言包含了给定字母表中的字符所构成的字符串。证明是由字符串组成的有限长度的序列。这种定义使得人们可以谈论严格意义上的"证明"，而不涉及逻辑上的模糊之处。除了逻辑性和形式化语言以外，数学证明还具有极高的认识论和方法论价值。

图 7-3 所示的匈牙利裔英国籍著名哲学家伊姆雷·拉卡托斯（Imre Lakatos，1922—1974）在其名著《证明与反驳：数学发现的逻辑》中，以对话体的形式合理重建了欧拉多面体公式。他虚构了教师在课堂上与学生们讨论正多面体欧拉公式 $V-E+F=2$ 的猜想与发

现、证明和反驳的全过程，形象地展现了数学史上对此问题进行研究探索的真实的历史图景，并以此来挑战和批判以希尔伯特为代表的认为数学等同于形式公理的抽象、把数学哲学与数学史割裂开来的形式主义数学史观。对于希尔伯特的形式主义而言，严格性是衡量知识可信度的重要标准。近代在形式主义导引下的数学史观，在元数学上取得丰硕成果的影响。拉卡托斯在《证明与反驳：数学发现的逻辑》中展现出了非形式化半经验性的数学是在推测与批判历程中形成的。非形式的准经验的数学的发展，并不只靠逐步增加的毋庸置疑的定理的数目，而是靠思辨与批评、证明与反驳的逻辑对最初猜想持续不断的改进。数学知识的产生也可以通过认识到之前的做法有问题，然后再修正的思路进行。微积分这门学科在诞生之初就显示出巨大的威力，并解决了许多困难问题。创造微积分的数学们致力于发展强有力的方法，解决各式各样的问题。但他们在最初没有为这门新学科建立起严格的理论基础。在后来的发展过程中，数学家们才逐步完成对微积分逻辑细节的弥补。作为数学知识合法性与存在性的一种检验方式，数学证明具有包含直觉与经验在内的"拟逻辑结构"。而非形式化证明是一种典型的拟逻辑形态。

图7-3 伊姆雷·拉卡托斯

公理在传统的思想中常被理解为不证自明的真理。数学被想象成是某种公理化的集合论，所有数学叙述或数学证明都可以写成集合论的公式。事实上，公理只是一串符号，其只对可以由公理系统导出的公式之内容有意义。希尔伯特纲领就是想将所有的数学放在坚固的公理基础之上。根据哥德尔不完备定理，每一个相容且能蕴涵皮亚诺公理的公理系统，必含有一个不可决定的公式。所有数学的最终公理化是不可能的。甚至有些数学问题长久以来都无法证明，最后数学家才明白，原来它们本来就是无法证明的。其中，平行公理是最典型的一个例子。经过2 000多年的探求，数学家才明白平行公理无法由欧氏几何的其他公理推演出来。非欧几何的存在，恰恰证明了平行公理是不可证明的。三大几何作图题、五次以上方程式的根式解等都属于不可能的问题。证明一个数是无理数也不一件容易的事。事实上，还有很多数我们猜想它们是无理数，但都还不会证明。例如 $\pi + e$、$\pi - e$ 或是更一般不为零的整数组合 $m\pi + ne$、πe、π/e、2^e、π^e 与 $\ln \pi$ 等。在数学领域中，许多正确的数学观点，也是无法被证明的，如孪生素数猜想。孪生素数指的是仅由一个数字分隔的素数对：如11与13，或17与19。越往自然数轴后看，素数出现的频率就越低。孪生素数猜想指出，自然数轴上存在无穷的孪生素数对，根本数不清。直到目前，还没有人能证明这一猜想是对是错。我们可能永远也无法得知该猜想的正误，因为任何可以进行基础运算的数学系统中都存在无法被证明的正确观点。

严谨性是数学证明这种特殊科学叙事中很重要且极其基本的一部分。数学家希望他们的定理以系统化的推理依着公理被推论下去。这是为了避免依着不可靠的直观而推出错误的定理，历史上曾出现过许多这样的例子。数学中的严谨性随着时间的推移而不同：古希腊人的严密论证，在牛顿的时代，所使用的方法就较不严谨。牛顿为了解决问题所进行的定义，到了 19 世纪才被重新分析与证明。时至今日，数学家们仍持续地在争论计算机辅助证明的严谨程度。当大量的计算难以被验证时，其证明也不能够说足够严谨。

在当代数学中，有时候实效性会代替严格性，成为数学可接受性的标准。只有放弃了形式主义的方法论，才能从数学史的活动经历中看出非机械性非全无理性的情境逻辑，才能更正确地掌握数学发展的动态。数学的发展是进步的、有目的的，而这个目的就是现代数学。数学史就是这个进步的轨迹，无论是直线或螺旋式的进步。纯数学和应用数学的边界现在正受到挑战。1974 年，学者们断定额外维度必然存在，这些额外维度让他们十分困扰，而半个世纪前的 Kaluza-Klein 理论提示他们：额外维度或可缩到极小的尺寸。学者们因此引入紧致化的想法让额外维度微小至难以检测。早期的尝试无法保持左、右旋粒子的宇称性。许多的光学仪器或机械设备，在制作的过程中满足某些特定的几何学性质。路径总长问题往往与光学的领域密不可分，并且在产生极值时，也会伴随一定程度的对称性。弦论物理学家维腾近年提出各种数学猜测并将它们陆续验证，他因此而获得了数学界的最高荣誉——菲尔兹奖，但也引发了数学界对数学和数学证明本质的争论。在最顶尖的数学家里，形式证明的意义和百年前一样，面临直觉论证和合理说明的挑战。

7.3 计算机证明

数学家们总是形容一些独特的证明方法很美，这种情况通常是指一些简洁的证明，或是由意外的方式推导出的证明。用计算机证明则可能被认为是"暴力"解法，或许很难和数学美联系起来。也有些数学家认为电子计算机证明的档案过于庞大，无法用人工进行检验，很难接受计算机证明的正确性。他们表示，那只是计算而非证明，甚至表示美丽的数学证明像诗，而计算机证明则像电话本。普林斯顿大学康威教授就曾说："我不喜欢它们，因为不知道究竟发生了什么。"但当今数学界有位名叫"艾卡德"（Ekhad）的数学家发表了几十篇论文，其中有一些是艾卡德自己独立署名的，而另一些则是艾卡德和罗格斯大学的数学家多龙·杰尔伯格（Doron Zeilberger）联合署名的。艾卡德并不是一个人，而是一台计算机。多龙·杰尔伯格称自己是计算机艾卡德的导师。为了彰显计算机在数学中越来越显著的重要性，多龙·杰尔伯格坚持让计算机独立署名。

近代，用计算机完成的著名数学证明有四色定理、布尔毕氏三元数和开普勒猜想。世界上第一个用计算机证明的著名数学问题是四色定理。四色定理还被称为四色猜想、四色问题，是 1852 年由英国数学家法兰西斯·古德里提出的。上百年来，有许多人发表证明或反例，都被证实是错误的。四色问题的内容是：任何一张地图只用四种颜色，就能使具有共同边界的国家涂上不同的颜色。用数学语言表示就是"将平面任意地细分为不相重叠的区域，每一个区域总可以用 1、2、3、4 这 4 个数字之一来标记，而不会使相邻的两个区域得到相同的数字"。这里所指的相邻区域是指有一整段边界是公共的。如果两个区域只相遇于一点或有限多点就不叫相邻的。因为用相同的颜色给它们着色不会引起混淆。

1976 年，数学家凯尼斯·阿佩尔（K. Appel）和沃夫冈·哈肯（W. Haken）利用计算机辅助首次得到一个完全的证明，这引起了许多人的谈论，于是四色猜想就成为四色定理。这个证明一开始不被许多数学家接受，因为它无法进行人工来验证。谁有耐心、仔细检查完那些又长又枯燥的计算机程序及其计算结果？数学家保罗·艾狄胥说："如果四色问题有一个不依赖计算机的证明，我会更加开心，但我也愿意接受阿佩尔和哈肯的证明——谁叫我们别无选择呢？"但是随着计算机技术的运用越来越广泛，数学界对计算机辅助证明的接受程度也越来越高。

20 世纪 80 年代，图 7-4 所示的美国数学家罗纳德·葛立恒（Ronald Graham，1935—2020）提出布尔毕达哥拉斯三元数问题：是否可以将正整数集合 $N = \{1, 2, 3, \cdots\}$ 里面的数字用蓝色或红色着色，使任意满足毕达哥拉斯方程式 $a^2 + b^2 = c^2$ 的三个数必然包含两种颜色？也就是说，这三个数并不都是蓝色的，也并不都是红色的，其中一个跟另外两个的颜色不同。经过 30 多年，三位计算机科学家利用得克萨斯先进计算中心的超级计算机，辅助解决了这个问题。这个计算机证明文件一经发布就被称为"史上最长的数学证明"，档案容量为 200 TB，比美国国会图书馆数字化资料的总和还多。他们把运算所需档案压缩成 68 GB 后，在网络上公开了。

这三位计算机科学家用对称性和数论方法，把可能的染色情况减到 1 万亿种，再用 800 核心的超级计算机连续运算了两天，证明了正整数集合 $N = \{1, 2, \cdots, 7\,824\}$ 可以满足布尔毕达哥拉斯三元数问题，但到了 7 825 以上时，就会出现同一颜色的三个数字 a、b 及 c 满足方程 $a^2 + b^2 = c^2$。计算机不能解释数字 7 825 所代表的意义，只能让人接受这个结果：事情就是这样的，没有原因。

图 7-4　罗纳德·葛立恒

图 7-5 所示的德国天文学家和数学家约翰尼斯·开普勒（Johannes Kepler，1571—1630）提出"开普勒猜想"，即求出如何在三维欧几里得空间中填充相等的球体以留下最小的体积。他认为在三维欧几里得空间里，每个球大小相同的状况下，没有任何装球方式的密度比面心立方与六方最密堆积要高。开普勒猜测，球体堆积最节省空间体积的方式应该是：在第一层排列的每个靠里面的球的四周都有 6 个球与它们相切，在第二层的球放在上一层球之上，让球的中心位置处于最低点上，其余各层以此类推。这种堆积方式被称为面心立方堆积法。

1998 年，匹兹堡大学数学教授托马斯·黑尔斯用穷举法使用计算机辅助证明了开普勒猜想。论文里面大量使用计算机程式运算，得到 3 维空间中球堆积的最佳密度是 $\dfrac{\pi}{\sqrt{18}} \approx$ 0.740 48。这种证明是将原问题分解为数量很大的各种情况，然后由计算机对每种可能出现的情况进行检验。黑尔斯宣告证明成功之后，几乎所有的报纸都加以报道。这一研究不仅解决了这个多年悬而未决的数学问题，也极大地推动了计算机验证复杂数学证明技术的进步。但他投稿的《数学年刊》的审稿者却认为这个证明缺乏可验证的程序，于是在文章中附上了罕见的标注：这篇论文的部分内容无法审查。

图 7-5 约翰尼斯·开普勒

除了上面列出的 3 个著名的例子外，有限单纯群的分类宣告完成时也引起了一番争论，因为整个分类工作并不是在一篇论文中完成的，而是行家根据十几年来的进展，从散在各个期刊中有关这方面的论文，归纳出分类确实已经完工的文章。根据有限单纯群的专家 Gorenstein 的估计，要了解整个分类有关的文献有 5 000 页之多。E8 结构、费克特（Fekete）问题等著名数学难题也都是借助计算机来证明的。

我国数学家吴文俊先生认为，有些几何定理的证明，不单是传统的欧式方法难以措手，即便是解析法也常因计算烦琐而无法解决。如果能找到一种机械化的方法比较快捷地证明几何定理，在有了这种手段之后，我们真正的创造力就能体现在新定理的发现方面了。可通过种种途径尝试进行各种猜想，然后由机器验证，若属实则获得了一条定理。计算机作为计算工具，本质上与纸笔并无差别，但效率上则大有不同。这种借助于计算机发现定理的方法，可称为机器发明或自动发现。计算机的运算能力大增，计算速度也越来越快，让数学家和业余数学家能利用这个新工具进行归纳实验和检验假设。同样，计算机能力也促进科学家利用模拟的方法来处理原本十分复杂的数学问题，即在解题时先用计算机程式模拟问题，而不是使用传统方法，先通过建立模型，再使用数学知识与推理解题。对于运算量非常大的数学问题，则需要计算机的帮助，计算机已经成为数学研究中不可或缺的辅助工具。数学是模式的科学，数学家们寻求存在于数量、空间、科学、计算机乃至想象之中的模式。计算机的诞生与发展使数学研究传统的模式发生了变化。计算机这种擅长数值处理工具，用量的表达代替形的描述，用数值计算来代替逻辑推理，成为处理数学问题的新思维。

拓展性习题

1. 简述数学证明的诠释学意义。
2. 简述数学知识的范式效应。

第 8 章 数学大师

牛顿说："如果我比别人看得远，那是因为我站在巨人的肩膀上。"托勒密王曾问过欧几里得，除了他的《几何原本》之外，还有没有其他学习几何的捷径。欧几里得回答道："在几何里，没有专为国王铺设的大道。"西班牙著名自然主义哲学家和美学家乔治·桑塔亚纳（George Santayana，1863—1952）晚年时说："如果我的老师们真的曾在当初就告诉我，数学是一种摆弄假设的纯粹游戏，并且是完全悬在空中的，我可能已经成为优秀的数学家了。因为我在本质王国里感到十分幸福。"数学虽然经常以与天文、物理及其他自然科学分支相互联系、相互作用的方式出现，但从本质上说，它是一个完全自成体系的、最具有真实性的知识领域。数学的本质在于它的自由。德国著名思想家和作家约翰·沃尔夫冈·冯·歌德（Johann Wolfgang von Goethe，1749—1832）也曾说过："数学家就像法国人一样，无论你说什么，他们都能把它翻译成自己的语言，并且立刻成为全新的东西。"数学家的语言是一种万能的语言。

在常人眼里，数学家的确有着独特的性格和气质，他们天赋异禀、理性至上，还拥有自由的心。

马克思指出："一门科学只有当它达到了能够运用数学时，才算真正发展了。"数学既是重要的科学，也是伟大的艺术，它将普遍的概念与深邃的结构融合在一起。黎曼去世时40 岁，阿贝尔去世时年仅 27 岁，伽罗华去世时年仅 20 岁，但作为伟大数学家，他们的地位已经奠定。牛顿和高斯很长寿，但其主要工作是在青年时代完成的。学数学的一个途径就是阅读数学大师的经典作品，不仅可以学习数学的内容，还可以学习大师的数学精神与方法。与任何其他学科相比，数学更加是年轻人的事业。最著名的数学奖——菲尔兹奖是专门奖给 40 岁以下的数学家的。菲尔兹奖于 1932 年在第九届国际数学家大会上设立，被认为是国际数学界的诺贝尔奖。该奖于 1936 年首次颁奖，每 4 年颁发一次，每次获奖者不超过 4 人。1936—2014 年，获菲尔兹奖的数学家一共才有 56 人。严格的获奖条件使菲尔兹奖的获得难度甚至超越了诺贝尔奖。美国、俄罗斯和法国的菲尔兹奖获得者较多。华裔数学家陶哲轩在 10 岁、11 岁、12 岁时分别参加过三次国际数学奥林匹克竞赛，获得金、银、铜牌各获得一枚。在 31 岁那年，陶哲轩获得了菲尔兹奖。诺贝尔奖的数学版本是阿贝尔奖，由挪威政府出资逐年颁发，与菲尔兹奖不同，其没有年龄限制。

8.1 欧拉

瑞士数学家和物理学家莱昂哈德·欧拉（Leonhard Euler，1707—1783）是近代数学先驱之一。欧拉生于瑞士巴塞尔，13 岁入读巴塞尔大学，15 岁毕业。

1723 年，欧拉获得哲学硕士学位，其论文题目是探讨并比较笛卡儿与牛顿两人哲学概念的差异性。欧拉 19 岁时发表船桅最优位置理论成为法国国家科学院第二名，同年获得博士学位；20 岁时远赴圣彼得堡科学院教书，最初任丹尼尔·伯努利（Daniel Bernoulli，1700—1782）的助教，1733 年接替丹尼尔成为数学教授；1783 年 9 月 18 日在圣彼得堡去世。在人生的最后一天，欧拉仍然在计算一个天文界的新发现——天王星轨道。他一生中，每年发表论文约 800 页，共计 886 篇论文和诸多书籍，全盲后仍持续发表了 400 多篇。欧拉发表的作品范围涵盖微积分、微分方程、解析几何、微分几何、数论、级数、数学物理等。包括我们熟悉的欧拉公式、欧拉多项式、欧拉常数、欧拉积分和欧拉线。数学物理以微分方程为核心研究对象，19 世纪由弗朗茨·恩斯特·诺伊曼（Franz Ernst Neumann，1798—1895）等人发展起来，在英国以物理学家和数学家麦克斯韦的研究为高潮。这两个人都受到了傅里叶的影响。欧拉的第一个数学成就是发现 $1 + \dfrac{1}{2^2} + \dfrac{1}{3^2} + \dfrac{1}{4^2} + \cdots + \dfrac{1}{n^2} + \cdots = \dfrac{\pi^2}{6}$。中学数学中很多常见的数学符号，也是欧拉在其发表的论文里首次使用的。例如，函数 $f(x)$、$\sum$、π、i、e 等。欧拉发表论文篇数直到 20 世纪，才被匈牙利籍科学家和数学家保罗·艾狄胥（Erdös Pál，1913—1996）超越。

法国著名天文学家、数学家皮埃尔-西蒙·拉普拉斯（Pierre-Simon Laplace，1749—1827）常常对青年数学家们说："读欧拉，读欧拉，他是我们全能的大师。"欧拉的贡献遍及数学各领域，是数学史上最伟大最多产的数学家之一。1736 年，欧拉发表论文《哥尼斯堡的七座桥》说明不能一笔把它们画出，开创了图论和拓扑学。欧拉全集有 70 册，其中下面三本最为出名：1748 年出版的《无穷分析引论》，1755 年出版的《微分学原理》以及 1768 年出版的《积分学原理》。欧拉与牛顿、莱布尼茨一样，都是新数学理论的开拓者。有人将欧拉比作数学界的莎士比亚。

欧拉的父亲是加尔文教派的一名教师，欧拉在大学求学期间在约翰·伯努利（John Bernoulli，1667—1748）的哥哥雅各布·伯努利（Jacob Bernoulli，1654—1705）家住过并跟雅各布·伯努利学了不少数学知识。欧拉的父亲希望欧拉读神学，但欧拉读大学时接触的却是伯努利这个宣传数学真理的家族。约翰·伯努利劝说欧拉的父亲，欧拉注定要成为大数学家，而不是牧师。最后，在约翰·伯努利的劝说下，欧拉的父亲才同意他继续研究数学。欧拉的数学生涯始于牛顿去世的那一年。当时，解析几何、微积分的发展已达到一定程度，并被应用到不同领域的问题，更重要的是，牛顿的万有引力定律已经是成为天文学的基础，也是研究各类物理问题不可或缺的工具。欧拉对纯数学与应用数学逐一进行了系统的研究。

欧拉是一位百科全书型数学家，他对于数学的贡献是十分全面的。他是有史以来瑞士最多产的科学家，也是一位不可思议的数学幻想家。跟欧拉处于同一时代的人称他为"分析的化身"。他在任何领域都能发现数学，在任何情况都能进行研究。对发现结果的历程，欧拉还进行了解释。欧拉解释数学非常清楚，他不仅能看透问题的本质，还将其思想清晰地传递给他人。欧拉将指数与对数函数放在同一基础上，再用微积分的技巧各自发展。在他之前人们都将指数函数视为对数函数的反函数，欧拉则把两者放在对等的基础上并分别加以定义 $e^x \equiv \lim_{n \to \infty} \left(1 + \dfrac{x}{n}\right)^n$，$\ln x \equiv \lim_{n \to \infty} n(x^{\frac{1}{n}} - 1)$。欧拉证明出，所有有理数都可以写成有限的连分数，而无理数则可以写成无限的连分数。欧拉还证明了如何将无穷级数写成无限的连分数，以及如何将无限的连分数写成无穷级数。在一次访谈中，美籍匈牙利数学家和教育家乔治·波利亚（George Polya，1887—1985）被问及历史上对他影响最深的数学家是谁？波利亚回答道："欧拉。"原因是欧拉做了一些跟他才能相当的，其他伟大数学家从没有做过的事：他解释了他是如何发现他的结果的。

最早有关负数方根的文献出于公元1世纪希腊数学家海伦，他考虑的是平顶金字塔不可能问题。16世纪，意大利数学家塔塔利亚和卡尔达诺得出一元三次和四次方程式的根的表达式，并发现即使只考虑实数根，仍不可避免面对负数方根。17世纪，笛卡儿称负数方根为虚数，意指子虚乌有的数，表达对此的无奈和不屑。18世纪初，棣莫弗及欧拉大力推广复数，加深其被人们接受的程度。1730年，棣莫弗提出棣莫弗公式 $(\cos \theta + i\sin \theta)^n = \cos n\theta + i\sin n\theta$。1748年被提出的分析学中的欧拉公式 $e^{i\theta} = \cos \theta + i\sin \theta$ 是关于三角函数最漂亮的公式之一，同时也是三角函数与复数间的桥梁。公式首次将指数函数和三角函数联系，成为三角函数和复数理论中最重要的公式。若令 $\theta = \pi$，则有 $e^{i\pi} + 1 = 0$。欧拉本人非常喜爱这公式，并把它刻在柏林皇家学院的大门上。18世纪末，复数渐渐被大多数人接受，当时卡斯帕尔·韦塞尔提出复数可看作平面上的一点。数年后，高斯再次提出此观点并大力推广，复数的研究开始高速发展。图8-1所示的美国物理学家、诺贝尔物理学奖得主理查德·菲利普斯·费曼（Richard Phillips Feynman，1918—1988）就曾赞誉道：欧拉公式 $e^{i\theta} = \cos \theta + i\sin \theta$ 是最美丽的数学式子。作为量子电动力学创始人之一，费曼提出的费曼图、费曼规则和重整化计算方法是研究量子电动力学和粒子物理学的重要工具。

图8-1　理查德·菲利普斯·费曼

这个最美丽的数学公式中有 1 和 0，它们分别是乘法、加法这两个基本运算系统的单位元素；还有加法、乘法与乘方三个运算方法，两个特别的超越数 e 与圆周率 π，再加上 i 这个虚数单位。这个公式后来也成为证明 π 是超越数的工具，从此结束了化圆为方的美梦。

在 18 世纪的欧洲，大学并不是学术研究的中心。主要的研究任务由统治者资助的皇家科学院担当，这期间以柏林、巴黎与圣彼得堡三个地方最为出色。欧拉一生都在科学院度过，首先是在俄国的圣彼得堡科学院，1740 年后在柏林科学院待到 59 岁；1741 年接受普鲁士腓特烈大帝邀请前往柏林，在这段时间担任腓特烈侄女的家教，教授数学、天文、物理、哲学和宗教直至 1766 年。欧拉帮助腓特烈大帝研究保险制度，设计运河水利，他在普鲁士的 25 年里共发表了 380 篇论文。离开柏林后，欧拉接受凯萨琳女皇二世的邀请，再次前往圣彼得堡，一直到他离开人世。科学院的环境让他可以专心研究数学，全心全意地将整个生命投入。欧拉以其超乎想象的能力进行重要的数学研究，感觉就像呼吸那么自然，如雄鹰展翅在空中翱翔那么容易。相对于牛顿的内向与神经质，欧拉乐观且仁慈宽厚，甚至 1771 年眼睛完全失明后，仍保持着乐观的态度。在几乎完全失明的情况下，欧拉口述，他的学生笔录，继续进行数学创作。

8.2　高斯

"数学王子"约翰·卡尔·弗里德里希·高斯（Johann Carl Friedrich Gauss，1777—1855）出生在德国一个贫穷的劳工家庭中。高斯童年时期就在数学上显示出惊人的天赋，这引起了当地卡尔·威廉·斐迪南公爵的注意。小学毕业后，斐迪南公爵出资把高斯送去高等学校就读。基于对数的敏感性的超常把握，高斯上小学时就能解决 1～100 所有自然数之和的问题，这对他一生的成功产生了不可磨灭的影响。1792 年，15 岁的高斯进入布伦瑞克学院。在那里，高斯开始研究高等数学和质数分布，这引领他涉入高等数论的领域。他独立发现了二项式定理的一般形式、数论上的"二次互反律"、质数分布定律以及算术几何平均。与此同时，他也开始思考欧几里得的基本问题，尤其是平行公理，这影响了后来的非欧几何学。高斯专心阅读牛顿、欧拉和拉格朗日的著作，其中牛顿的微积分理论对他的影响很大。

1795—1798 年，高斯就读于哥廷根大学，那是一所学术风气端正的大学，其中丰富的数学藏书深深吸引了他。高斯在数论的研究中，发现数字间的关系和定理，并加以严谨证明。1798 年，高斯完成了数论教材《算术研究》的编写。全书内容用拉丁文写成，在他 24 岁时首次出版。在这本书中，高斯整理汇集了费马、欧拉、拉格朗日和勒让德等数学家在数论方面的研究结果，并加入了许多他自己的重要成果。1799 年，高斯在黑尔姆施泰特大学获得博士学位，他的论文题目是"关于代数学基本定理的证明"：任何一元代数方程式都有解，证明过程中一直避免使用复数。后来，他陆续找出三个证明方法，最后一个证明是在庆祝获得博士学位五十周年时发表，这时已经可以公开运用复数。

高斯曾说："数学是科学的皇后，而数论是数学的女王。"1801 年，高斯出版了数论教材《算术研究》，数学符号 [x] 首次出现在其著作中。高斯符号 [x] 表示小于等于 x 的最大整数。同年，高斯文出版了数学巨著《整数论研考》。这是高斯青少年时代的研究心得，其中第七章是全书的精华，即以二项同余式理论来解 $x^n = 1$ 的根并应用在等分圆周上，举出的例子便是以圆规与直尺作出正 17 边形。1796 年，19 岁的高斯得到了一个数学史上重要的结果"正 17 边形尺规作图之理论与方法"，并为流传了 2 000 年的欧氏几何提供了自古希腊时代以来的第一次重要补充。将线性方程组的系数对应写成增广矩阵，再利用矩阵的列运算求解，这就是线性方程组求解的常用方法——高斯消去法。现代数学教材中常常用高斯消去法来解联立方程式。高斯将复数 $a + bi$ 与平面上一点 (a, b) 一一对应，这个平面称为复数平面或高斯平面，横轴点是实数，纵轴点是纯虚数。高斯还将算术基本定理的标准分解式推广至复数系。

1801 年，高斯被小彗星谷神星的问题所吸引。小彗星被人们发现后，只有观测到了三次，然后它躲进太阳的阴影里不见了。当时，天文学家无法确定这颗新星是彗星还是行星，这个问题很快成了学术界关注的焦点，甚至成了哲学问题。天文学家预测，它在 1801 年年底或 1802 年年初会在天空某处再现，但天文学家求不出它的轨道。1801 年 9 月，高斯才着手这个问题，11 月把他求出的谷神星轨道发表在《天文月刊》上。后来，天文学家在 1801 年和 1802 年看到谷神星出现在高斯求出来的轨道上。1809 年，高斯出版第二巨著《在太阳周围回转成圆锥曲线的天体之运动论》，该书成为当时的天文学家必须精读的书。

19 世纪，数学的中心在德国与法国，而德国的数学中心在哥廷根大学与柏林大学。1807 年 7 月，高斯在哥廷根大学任教并兼任天文台台长，至去世为止他一直都在这个岗位上。欧氏几何的第五公设问题直到高斯介入才取得突破。他亲自实地测量，讨论我们的空间是否存在有非欧几何性质的可能性，提出新的几何观念解决第五公设难题。1813 年，37 岁的高斯推一套全新的几何观点，他称之为"反欧几里得几何"，后来又改称其为"非欧几里得几何"。

1827 年，高斯发表了有关曲面的论文。他以参数式表示曲面，并讨论了曲面具有的内在性质，如高斯曲率 K 在保距变换下不变等。高斯的作品以叙述简洁，内容丰实著称。他的学生黎曼把他的曲面理论发扬光大为黎曼几何学。到了 20 世纪，爱因斯坦使用它发明了一般相对论。黎曼几何学成为爱因斯坦革命性的广义相对论的数学基础，并成为人类认识自然的科学观的一部分。复数虽然在实践中被证明非常有用，但在很长一段时间内复数被当作辅助手段来解决有关实数的问题。1831 年，高斯给出复数的几何意义解释，奠立了复数在数学中的地位。高斯一生中共发表 323 篇著作，提出 404 项科学创见，完成 4 项意义重大的发明，即回照器、光度计、电报和磁强计。高斯的研究涵盖数论、代数、函数论、微分几何、概率论、天文学、力学、测地学、水工学、电工学、磁学、光学。他和阿基米德、牛顿被世人公认为历史上最杰出的三位数学家。1855 年 2 月 23 日清晨，高斯在哥廷根去世。

高斯几乎在数学的每个领域都有开创性的工作。在高斯发表了《曲面论上的一般研究》后大约一个世纪，爱因斯坦评论说："高斯对于近代物理学的发展，尤其是对于相对论的数学基础的贡献（指曲面论），其重要性超越一切，无与伦比。"数学方面，我们现在谈到的只是高斯年轻时候在数论领域里所做的一小部分工作。高斯曾说，他只愿呈现给人看美轮美奂的建筑成品，而框架和建筑蓝图是不给人看的。阿贝尔评论高斯时说："他就像一只狐狸，在沙地上一面走一面用尾巴抹掉足迹。"雅可比在谈论高斯时说："他的证明是僵硬地冻结着的，人们必须先将他们融化出来。"

8.3 希尔伯特

图 8-2 所示的德国数学家大卫·希尔伯特（David Hilbert，1862—1943）出生于东普鲁士的首府哥尼斯堡（欧拉七桥问题的发源地），父亲是当地法官，母亲则是商人的女儿。哥尼斯堡是拓扑学的发祥地，也是哲学家康德的故乡。希尔伯特 8 岁时入学就读的冯检基书院，正是当年康德的母校。1880 年，18 岁的希尔伯特进入哥尼斯堡大学学习数学。对希尔伯特来说，大学生活的迷人之处在于他终于能把全部精力给予数学了。在哥尼斯堡，希尔伯特结识了一生的挚友，即图 8-3 所示的同样作为数学大师的赫尔曼·闵可夫斯基（Hermann Minkowski，1864—1909）。1884 年，希尔伯特以某些代数形式的不变性质为研究内容完成论文并取得博士学位。1885 年，希尔伯特以关于不变量理论的论文跻身数学界。在这篇论文中，他使用了非构造性的证明，其证明依赖于对无穷的对象使用排中律。1895 年，希尔伯特成为哥廷根大学的教授。1899 年，希尔伯特出版《几何基础》，该书成为近代公理化方法的代表作，且由此推动了"数学公理化学派"的形式。

图 8-2　大卫·希尔伯特

图 8-3　赫尔曼·闵可夫斯基

随着数学研究领域的深化和学科分支的增加，数学家们倍感加强国际合作的重要性。德国数学家康托尔率先提出这一愿望。1897 年 8 月 9 日，首次国际数学家大会在瑞士的苏黎世召开。来自 16 个国家的 208 位代表参加了大会。会议代表们讨论确定了许多重大的问题，特别是确定了组织国际会议的四点主要目的：促进不同国家数学家的个人关系；探讨数学的各个分支的现状及其应用，提供一种研究特别重要问题的机会；提议下届全会的组织机构；审理如文献资料、学术术语等需要国际合作的各种问题。1900 年，在巴黎举行的第二届国际数学家大会上，庞加莱兴奋地宣称："现在我们可以说，完全的严格化已经实现了！"38 岁的希尔伯特在大会上作了题为《数学问题》的著名讲演。希尔伯特走向讲台，他的第一句话就紧紧地抓住了所有的参会者："我们当中有谁不想揭开未来的帷幕，看一看在今后的世纪里我们这门科学发展的前景和奥秘呢？我们下一代的主要数学思潮将追求什么样的特殊目标？在广阔而丰富的数学思想领域，新世纪将会带来什么样的新方法和新成果？"

希尔伯特在代数不变量、代数数论、几何基础、变分法和希尔伯特空间等方面都有杰出贡献。他提倡数学公理化，提出希尔伯特问题，这对于 20 世纪数学发展的影响巨大。另外，他还提出许多重要的思想：正如人类的每一项事业都追求着确定的目标一样，数学研究也需要自己的问题。正是通过这些问题的解决，研究者锻炼其钢铁意志，发现新观点以达到更为广阔的自由的境界。希尔伯特尤其强调重大问题在数学发展中的作用，他指出：如果我们想对最近的将来数学知识可能的发展有一个概念，那就必须回顾一下当今科学提出的，希望在将来能够解决的问题。某类问题对于一般数学进程的深远意义，以及它们在研究者工作中所起的重要作用不可否认。只要一门科学分支能提出大量的问题，它就充满生命力，而问题缺乏则预示着独立发展的衰亡或中止。他认为问题是数学活动的泉源，而问题有些来自经验与自然现象，有些则因为要将一门学问作逻辑整合、一般化、特殊化而产生。这种理论与经验的交互作用使数学变得非常有用。

每个时代都具有自己特殊的数学问题。在演讲的后半段，希尔伯特提出新世纪所面临的 23 个问题，并对问题的背景一一加以说明，绘制出了即将来临的一个世纪的数学航道。他阐述了重大问题要具有清晰性和易懂性、困难但又给人以希望以及意义深远的特点。另外，希尔伯特还分析了研究数学问题时，经常会遇到的困难以及克服困难的一些方法。这 23 个问题涉及了现代数学的大部分重要领域，希尔伯特著名的哥德巴赫猜想就是第 8 个问题中的一部分。希尔伯特问题中的前 6 个是数学基础问题，第 7～12 个是数论问题，第 13～18 个属于代数和几何问题，最后 5 个问题属于数学分析。希尔伯特提出的问题之中，有些不断受到热烈讨论，有些则在 1943 年希尔伯特去世后很久才有所动静；有些问题的内容十分明确，其余的则几乎只有纲领；有的问题难度很大也很有价值，如果有人能够解决，甚至只是解决问题的一部分，都能享有盛名；不过也有少数问题随着解答的出现而从此消失；还有些问题，如关于质数的第 8 个问题，到现在仍然没有解决。1896 年，质数定理终于被给出了证明。2013 年，数学家张益唐证明了有无穷多对质数的间隔小于 70 000 000。在引导数学研究方面，希尔伯特问题取得了巨大成功。所有这些问题都刺激了数学新思想和新领域的成长。

1975 年，在美国伊利诺伊大学召开的一次国际数学会议上，数学家们回顾了 3/4 个世纪以来希尔伯特 23 个问题的研究进展情况。当时统计，约有一半问题已经解决了，其余一半的大多数也都有重大进展。1976 年，在美国数学家评选的自 1940 年以来美国数学十大成就中，有三项就是希尔伯特第 1、第 5、第 10 个问题的解决。能解决希尔伯特问题，是当代数学家的无上光荣。对这些问题的研究，有力地推动了 20 世纪各个数学分支的发展。在数学家们的努力下，希尔伯特问题中的大部分在 20 世纪中都得到了解决。

希尔伯特热忱地支持康托尔的集合论与无限数。康托尔创立集合论，是基于解决微积分的逻辑基础问题，为了使微积分里面采用的无穷小概念有一个清晰的逻辑基础。在某个有 500 间客房的旅馆中，每个房间都有客人入住；在下午时分抵达旅馆的你被告知已经没有多余的客房，正当你打算无助地离开时，希尔伯特旅馆悖论登场了。想象一下，这间旅馆有着无数间客房，同样每一间也都住了客人；尽管旅馆已经客满了，前台工作人员还是可以挪出一间客房给你。这怎么可能呢？更奇妙的是，就算同一天有数不清的客人为了参加研讨会而下榻同一间旅馆，前台同样可以满足所有人的要求安排房间。

希尔伯特在 20 世纪 20 年代提出这个悖论，用来描述无限这个概念不可思议的特质。让我们来看看你究竟是如何住进希尔伯特的大旅馆的。当你只身一人抵达客满的旅馆时，柜台将原本住在一号房的客人挪到二号房、把原本住在二号房的客人挪到三号房……以此类推，所以现在一号房就成为你的专属客房了。而为了安排陆续抵达且无法尽数的客人，柜台就把已经入住的旅客通通移到偶数号的房间（原一号房改成二号房，原二号房成四号房，原三号房改成六号房……），再把这些晚到的客人全部安排进所有空出来的奇数号码房。康托尔的超限数理论可以用来解释希尔伯特旅馆悖论，即尽管在一间正常的旅馆中，奇数号码的房间数一定小于旅馆的全部客房数，但是在一间有着无限客房的旅馆中，奇数房的数量不见得小于旅馆全部客房的数量。

希尔伯特做数学的特色是每一时期只专注于一个领域，把主要问题解决后，就转往另一领域。1884—1892 年，希尔伯特专注于代数不变量，证明代数式任一变换群的不变量，都有一组有限的基底，而且可以被建构出来。1892—1898 年，希尔伯特专注于代数数论，奠定了类体论的基础。1893 年，希尔伯特给出了 π 和 e 超越性全新简洁的证明，再次震惊了数学界。在德国慕尼黑数学会年会上，希尔伯特提出关于将一个域中的数分解成素理想的两个新证明，这个工作再次给其他成员留下了深刻印象。大家希望希尔伯特和闵可夫斯基专门写一个关于数论的发展报告，因为德国数学家库默尔（Kummer，1810—1893）和戴德金等人的工作晦涩难懂。1897 年，400 页的《数论报告》出版，将孤立的数论、代数与函数论完美地结合了起来。

1898 年，希尔伯特开始专注于平面几何公理化的问题，次年完成了著作《几何基础》，为平面几何建立了完整的公理化系统。早在哥尼斯堡大学的时候，希尔伯特就开始考虑几何基础的问题。希尔伯特运用解析几何的方法证明了，欧氏几何中存在的任何矛盾都可以等价于实数算术中的一个矛盾。这就说明，无论是非欧几何还是欧氏几何，至少都与实数算术相容。希尔伯特把这些结果汇集在《几何基础》中。庞加莱对《几何基础》称赞道："当代有些几何学家可能觉得，在承认以否定平行公设为基础的可能的非欧几何方面，他们已经达到了极限。如果他们读一读希尔伯特教授的这部著作，那么这种错觉就会消除。他们将会在这部著作中发现，他们作茧自缚的屏障，已经被彻底冲垮了。"

为解决第三次数学危机，数学家们对数学基础进行了更深入的探讨。后来，为了促进数理逻辑的发展，使其成为 20 世纪纯粹数学的重要趋势。1899—1901 年则是希尔伯特的变分法时期，他以严格的证明确立了狄利克雷原理：在边界曲线及边界值有稍许限制下，有既定边界值且有连续偏导的所有可能的函数中，会有某一个函数的双重积分值会达到最小值。1902 年，希尔伯特转向积分方程，由此导出无穷维线性空间，为随后的量子物理学储备了有利的数学工具。

除了在各领域有杰出的成就外，希尔伯特将几何严格公理化的想法普及数学中的各领域。希尔伯特认真学习物理，把物理的各分支公理化。1922 年，希尔伯特转到研究公理化本身，希望证明一般的公理化系统在独立性、一致性及完备性都不成问题。但是到了 20 世纪 30 年代，哥德尔发表的几篇论文导致这样的希望未能完全实现。希尔伯特计划被哥德尔不完备性定理否定后，希尔伯特为此创立的"证明论"开辟了数理逻辑的一个新领域。哥德尔对形式主义学派的打击是毁灭性的，但也促进了证明论在元数学、可计算理论和递归函数中的具体化。希尔伯特问题中未能包括拓扑学、微分几何等领域，而且除数学物理外很少涉及应用数学，更不曾预料到计算机的发展将对数学产生重大影响。在 20 世纪，数学的发展实际上远远超出了希尔伯特的预期。

8.4　哥德尔

图 8-4 所示的美籍奥裔数学家、逻辑学家和哲学家库尔特·哥德尔（Kurt Godel）生于捷克的布尔诺城，卒于普林斯顿。哥德尔是 20 世纪最伟大的数理逻辑学家，其最杰出的成就是哥德尔不完备性定理和连续统假设的相对协调性证明。他发展了冯·诺伊曼和伯奈斯等人的工作，其主要贡献在逻辑学和数学基础方面。哥德尔自幼便充满好奇心，青少年时对数学、哲学、语言与历史产生兴趣。他在维也纳大学原主修理论物理，后转回数学。

1928 年，哥德尔听了布劳威尔的演讲，开始致力于数理逻辑的研究。1930 年，哥德尔完成博士论文《狭谓词演算的有效公式皆可证》并获博士学位。之后，哥德尔在奥地利的维也纳大学工作。20 世纪 40 年代，哥德尔将注意力投放在哲学上，并参加了哲学小组的活动。哥德尔认为，健全的哲学思想和成功的科学研究极其相关，并致力于使用数理逻辑的方法分析哲学问题。1933 年，哥德尔应邀访美讲学演说，并结识了与自己个性大相径庭的挚友，即图 8-5 所示的阿尔伯特·爱因斯坦（Albert Einstein，1879—1955）。1940 年，他经由俄罗斯、日本到达美国，从此定居在普林斯顿，并在普林斯顿高等研究院任职，直至 1976 年退休。

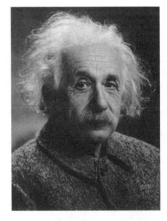

图 8-4　库尔特·哥德尔　　　　图 8-5　阿尔伯特·爱因斯坦

自从 19 世纪中期，黎曼等人推翻了 2 000 多年来的平行公设后，数学家们明白不能再凭直觉接受所谓公设或定理。非欧几何的确立、分析严格化的要求与罗素悖论的出现，让当时的数学家急切地想将数学确定性的大厦奠基于某种不可怀疑的基础上。以希尔伯特为代表的形式主义派，希望能通过形式逻辑的方法，构造一个有关数论的有限的公理集合，能推出所有数论原理且无矛盾，以此出发构造整个形式主义的数学体系。也就是说，要用严格的形式化语言表达所有数学陈述，并能满足完备性与一致性。1930 年，哥德尔开始考虑数学分析的一致性问题，在博士论文中证明了一阶逻辑的完备性，有力地推动了希尔伯特计划。这让逻辑学家们松了一口气。但是到了 1931 年，哥德尔发表了《〈数学原理〉及有关系统中的形式不可判定命题》一文，论证了两个著名的定理：一个包括初等数论的形式系统，如果是一致的那么就是不完备的（第一不完备性定理）；如果这样的系统是一致的，那么其一致性在本系统中不可证（第二不完备性定理）。这两个定理撼动了整个数学界的核心。这两个定理结合在一起给出了让整个数学界沮丧的结论：数学是不完备的，而且永远也不会完备。哥德尔第一不完备性定理意味着：设 S 为一包含算术系统的公理系统，若 S 相容（即不自我矛盾），则 S 不完备（即在 S 中有些叙述为真，却无法由 S 的公理推导出来）。即对任何包含自然数的系统，总存在该形式系统中的真命题，且该命题在该形式系统内是无法被证明的。哥德尔第二不完备性定理说的是：任何公理体系的无矛盾性都不可能在该公理体系内被证明。即永远不会有一个能包含所有数学理论的封闭的系统，因为我们不可能让数学体系完备。哥德尔的本意是要实现希尔伯特纲领。他试图首先证明算术理论的一致性，然后建立分析"实数的"理论的一致性，但最终结果却刚好相反，彻底粉碎了希尔伯特的梦想。

"哥德尔不完备性定理"揭示了在多数情况下，如在数论或者实分析中，永远不能找出公理的完整集合。你可以在公理体系中不断加入新的公理，甚至构成无穷的公理集合，但是这样的公理列表不再是递归的，不存在机械的判断方法判断加入的公理是否是该公理体系的一条公理。这彻底摧毁了希尔伯特的基础化计划。不完备性的结论影响了数学哲学以及形式化主义使用形式符号描述原理中的观点。我们永远不能发现一个万能的公理系统，能够证明一切数学真理而不能证明任何谬误。作为不完备性定理证明思想的一个关键之处在于映射原理的应用，哥德尔通过一种映射形式来构造命题。哥德尔的方法是：把算术系统中的符号、表达式和表达式的序列都映射为数——通过引进"哥德尔数"而实现了对象的数化。这样在研究从方法上提供了一种数字化工具，方便地把一些讨论对象转换为自然数或自然数的函数，用自然数的理论来讨论有关问题。此外，哥德尔又通过"递归函数"的引进证明了所有元理论中关于表达式的结构性质命题，都可以在算术系统中得到表达。映射原理的应用和递归函数的引进，使元理论中的命题都映射为了算术系统中的命题，而算术系统也因此获得了"元数学"的意义。

这两个关于完备性的定理使数学界经历了巨变，哥德尔也因此而声名大噪。数学界当初对"不完备定理"的证明非常震惊，许多人认为已危及数学信仰的根本。建立在此不稳固基础上的物理、工程乃至于哲学基础，都岌岌可危。当人追求"绝对真理"时，就已经偏离了追求"真理"的正确道路，其结果必然是：发现"绝对真理"就是绝对的悖论。哥德尔说："数学不仅是不完全的，还是不可完全的。"20 世纪的哲学摆脱了"绝对真理"的庞杂体系，开始了自身的变革。这就是 20 世纪的数学对人类文明最大的贡献，其影响也非常深远。哥德尔不完备性定理首先是针对"形式系统"的。只有在形式系统存在的条件下，才会产生"形式与内容"之间的不相容性问题。例如，理论物理系统作为一个形式系统，其终极形式最终会导致"完备性"与"无矛盾性"之间的不相容。理论的发展只能是渐进的、分层次的，这就是爱因斯坦可以超越牛顿却无法取代牛顿的原因。同样，超越爱因斯坦也不意味着取代爱因斯坦，因为包含相对论的形式系统在相应的物理内容范围内是相容的、无矛盾的。哥德尔认为数学是独立的，不必理会人们是如何运用它的。他的不完备性定理经常被引申到其他领域。

在第二次世界大战前夕，哥德尔完成了另一个重要的工作——证明选择公理与连续统假设皆与 ZF 集合论相容。哥德尔给出了数理逻辑的经典定理，堪称是 20 世纪最伟大的数理逻辑学家。20 世纪 40 年代，哥德尔曾致力于探讨广义相对论与时间的意义，证明循环时间与爱因斯坦方程并不矛盾。哥德尔一直从事哲学方面的深度思考，专心研读莱布尼茨、康德与胡塞尔等人的著作。哥德尔证明了算法定理证明、计算和任何类型的基于计算的人工智能都具有基础局限性。20 世纪 40 年代到 70 年代，大部分人工智能和定理证明有关，并且都是以哥德尔范式进行推论的。

哥德尔证明了，任何一个形式系统只要包括了简单的初等数论描述，而且是自洽的，它必定包含某些系统内所允许的方法，既不能证明真也不能证伪的命题。哥德尔还证明了一阶谓词演算的完全性算术形式系统的不完全性，连续统假设和集合论公理的相对协调性等三大难题，被公认为人类历史上继亚里士多德和莱布尼茨之后最伟大的逻辑学家。他终结了数学家追求绝对可靠的数学基础的幻想，使人们对无穷的认识达到了一个更高的境界。哥德尔一生发表论著不多，他 1931 年发表的论文《〈数学原理〉及有关系统中的形式不可判定命题》，是 20 世纪在逻辑学和数学基础方面最重要的文献之一。1951 年，在授予哥德尔爱因斯坦勋章时，冯·诺依曼评价说："哥德尔在现代逻辑中的成就是非凡的、不朽的——他的不朽甚至超过了纪念碑，他是一个里程碑，是永存的纪念碑。"从 1971 年起，哥德尔时常与华裔逻辑哲学家王浩讨论数学问题。哥德尔告诉王浩，他的不完备性定理最初的灵感来自：真理无法作有限的描述。因此，给定一个有限描述的数学理论，总会存在捕捉不到的真理。哥德尔晚年得了严重的妄想症，只肯吃妻子亲手做的食物。1977 年，哥德尔的妻子病倒住院后，他就只吃简单的食物并拒绝朋友的探访。等到被强迫送到医院时，哥德尔的体重仅剩 30 kg，最后因营养不良、器官衰竭去世。1999 年，美国《时代周刊》将哥德尔列为 20 世纪最具影响力的 100 位人物之一。哥德尔的理论使数学基础研究发生了划时代的变化，是现代逻辑史上的重要里程碑。哥德尔定理粉碎了逻辑最终将使我们理解整个世界的梦想，同时也引发了许多富有挑战性的问题。奥地利经济学家摩根施特恩这样评价哥德尔："他确实是自莱布尼茨以来，或者说是亚里士多德以来最伟大的逻辑家。"不完备性定理与塔尔斯基的形式语言和真理论以及图灵机和判定问题一同被赞誉为现代逻辑科学在哲学方面的三大成果。

8.5 冯·诺伊曼

图 8-6 所示的美籍匈裔数学家冯·诺伊曼（Von Neumann，1903—1957）出生于布达佩斯，卒于华盛顿特区。冯·诺伊曼是犹太血统，他的父亲是一位有名的银行家，曾经还被授予过皇室贵族的封号。冯·诺伊曼自幼聪颖过人，有很强的记忆力，在数学方面有着惊人的天分。根据权威资料的记载，他在 6 岁的时候就可以进行 7 位数的除法运算。8 岁时，冯·诺伊曼学会了微积分，读完了 44 卷《世界史》并且终生不忘。当冯·诺伊曼十多岁的时候，他已经能够使用高等数学的许多方法了。之后，数学家菲克特成为冯·诺伊曼的家庭教师，专职在冯·诺伊曼家里教授他。中学毕业时，这位天才少年和自己的家庭教师一起写成了一篇数学论文。

图 8-6　冯·诺伊曼

　　他同时在布达佩斯大学学数学，又在柏林大学学化学。在苏黎世，冯·诺伊曼与知名数学家赫尔曼·外尔与图 8-7 所示的乔治·波利亚（Polya，1887—1985）交游。冯·诺伊曼在瑞士联邦工业大学获化学硕士学位。1926 年，冯·诺伊曼以康托尔集合论公理化的论文获得布达佩斯大学博士学位，然后前往哥廷根大学跟随希尔伯特作博士后研究。从流体力学开始，冯·诺伊曼对非线性偏微分方程产生兴趣。二十多岁时，冯·诺伊曼已经是数学圈公认的年轻天才了。对于冯·诺伊曼的心算能力，波利亚曾经这样描述："他是我唯一害怕的学生。在课堂上，如果我提出一个当时未解的问题，通常他在下课后就会直接来找我，给我几页完整的解答。"

图 8-7　乔治·波利亚

　　冯·诺伊曼是现代电子计算机与博弈论的重要创始人，是 20 世纪少见的数学科学通才。他的计算能力极强，当人们研制飞弹时，其他数学家都用笔、直尺等工具来计算，而他却只用大脑来计算，但通常都能够和大家同时说出答案，甚至多数情况下他能先于其他人说出答案的。冯·诺伊曼在泛函分析、遍历理论、几何学、拓扑学和数值分析等众多数学领域及计算机科学、量子力学和经济学中都有重大贡献。除了在数学领域极有天分外，他还精通英语、德语、法语，而且希腊语和拉丁语也说得相当流利。冯·诺伊曼一生发表了大约 150 篇论文，其中有 60 篇纯数学论文，20 篇物理学论文以及 60 篇应用数学论文。

1930 年，冯·诺伊曼接受了普林斯顿大学客座教授的职位。1931 年，普林斯顿大学授予冯·诺伊曼教授职位。1933 年，他成为普林斯顿高等研究院终身教授。冯·诺伊曼的家庭宴会在普林斯顿非常知名，这在数学家中是很少见的。在美国生活期间，冯·诺伊曼结识了爱因斯坦与维纳等人。图 8-8 所示的美国数学家诺伯特·维纳（Norbert Wiener，1894—1964）也是非常有名的神童。冯·诺伊曼协助维纳，创立了控制论。1944 年，冯·诺伊曼与奥斯卡·摩根斯特恩（Oskar Morgenstern，1902—1977）合著《博弈论与经济行为》。这本书包含了对策论纯粹数学形式的阐述，以及对实际应用的详细说明。《博弈论与经济行为》后来成为数理经济领域最为权威文献之一。

1933 年，冯·诺伊曼加入美国国籍。7 年后，他参与了美国的军工研究事务，在该项研究中担任弹道研制室的顾问。从这个时候开始，冯·诺伊曼就有了机会接触 ENIAC（世界上第一台电子数字积分计算机）的制作，此后他便投入对 ENIAC 的研制工作。1942 年，美国设立制造原子弹的洛斯阿拉莫斯研究所。1943 年起，诺伊曼以顾问的身份参与了洛斯阿拉莫斯研究所的工作。洛斯阿拉莫斯研究所给了诺伊曼许多研究课题。为了解决这些问题，诺伊曼必须进行大量的计算。由于这项工作的需要，他开始设想研制高速度的电子计算机。

1945 年 3 月，冯·诺伊曼投入另一种新型离散变量自动电子计算机（EDVAC）的研制工作。冯·诺伊曼根据存储程式的构想，带领研究小组写出了设计方案初稿。之后，冯·诺伊曼对 ENIAC 作改进，将计算机使用二进制进行存储，用"1"和"0"来表示电子元件的关与开，并用这两个数字的组合来表示任何数。

图 8-8　诺伯特·维纳

冯·诺伊曼初期工作以数理逻辑、测度论、实分析为主。自 1929 年起，冯·诺伊曼从事算子代数的先驱性工作。在 1930—1940 年，冯·诺伊曼为后来的冯·诺伊曼代数写下一系列基本的文章。在 1932 年发表的一系列著名论文中，冯·诺伊曼对遍历理论做出了基础性的贡献。遍历理论是数学的一个分支，涉及具有不变测度的动力系统的状态。动力系统是描述相空间里的点如何随时间变动的系统，它由微分方程驱动。其中的相空间可以是拓扑空间、平滑流形、测度空间或函数空间等。根据选取时间的不同方式，动力系统可分为离散动力系统、连续动力系统及群作用动力系统。1945 年 6 月，冯·诺伊曼发表了一篇长达 101 页的报告，这就是计算机史上著名的 "101 页报告"，是现代计算机科学发展史上里程碑式的文献。报告明确规定用二进制替代十进制运算，并将计算机分成五大部件，这一卓越的思想为计算机的逻辑结构设计奠定了基础，已成为计算机设计的基本原则。

冯·诺伊曼提出应该用五大部件，即控制器、计算器、存储器、输入装置、输出装置来组成计算机。这种构想正是逻辑装置的关键之处，它可以明确反映出现代电子计算机存储程式的基本结构和工作原理。冯·诺伊曼架构也称冯·诺伊曼模型，是一种将程式指令记忆体和资料记忆体合并在一起的计算机设计概念架构。架构指导了将存储装置与中央处理器分开的概念，依本架构设计出的计算机又称存储程式型计算机。对于冯·诺伊曼而言，数值计算是最可能的实验方法。这使他成为计算机的奠基者。另外，计算机之父冯·诺伊曼也是氢弹的催生者。从 1940 年起，他热心参与美国的各项国防或实验室计划，获得了各式各样的奖章。

1945 年，42 岁的冯·诺伊曼就任普林斯顿高级研究所的计算机研究所所长。此后，他和同事们又研制出了名为 "JONI-aC" 的计算机。在计算机设计上，他们模仿了生物大脑中的某些动作。从此，冯·诺伊曼又开始对神经学进行研究。他从神经学和心理学的角度研究人，进而确立了自动化理论。1954 年，冯·诺伊曼成为美国原子能委员会委员。1957 年 2 月 8 日，冯·诺伊曼因癌症去世。

8.6 陈省身

图 8-9 所示的美籍华裔数学家陈省身（Shiing-Shen Chern，1911—2004）生于浙江嘉兴，1926 年考入天津南开大学数学系，1930 年考入清华大学数学研究所，师从中国微分几何先驱孙光远，研究射影微分几何。陈省身与华罗庚在 20 世纪三四十年代中国数学发展的活跃时期崭露头角，并做出了具有世界水平的工作。1932 年在《清华大学理科报告》上，他发表第一篇学术论文《具有一一对应的平面曲线对》。1932 年春，布拉施克（Blaschke，1885—1962）教授访问北京。布拉施克作了一系列拓扑问题中有关网几何的演讲，陈省身是众多听众中的一个。1934 年获得清华大学理学硕士学位后，他得到资助赴德国汉堡大学数学系随布拉施克攻读博士学位。赴德后陈省身发现并弥补了布拉施克论文中的一个漏洞，在《汉堡大学数学讨论会论文集》上发表论文《关于网的计算》。陈省身的博士毕业论文题目是 "2r 维空间中 r 维流形的三重网的不变理论"。1936 年，陈省身获德国汉堡大学理学博士学位。离开汉堡大学后，他仍与布拉施克维持着密切联系。

1936 年完成博士论文后，陈省身赴法国，师从图 8-10 所示的当代微分几何学家埃利·约瑟夫·嘉当（Elie Joseph Cartan，1869—1951）从事博士后研究工作。在此期间，布尔巴基学派在巴黎还开设了题为 "嘉当的数学工作" 的讨论班。嘉当邀约陈省身每两个星期去自己家里谈话一次，每次谈一个小时。面对面的指导，使陈省身学到了嘉当的数学语言及思维方式。1943—1945 年，陈省身赴美国普林斯顿高等研究院。抵美两个月后，他完成了高斯-博内公式的内蕴证明。在这期间，他首创将纤维丛概念应用在微分几何中的研究，引进了后来通称的陈示性类，为大范围微分几何提供了工具，开创了复流形的微分几何与拓扑研究的先河。

图 8-9　陈省身

图 8-10　埃利·约瑟夫·嘉当

　　1937 年夏，陈省身回国担任西南联合大学数学系教授。他在西南联合大学工作了 6 年，开设了李群、圆球几何学、外微分方程等课程。王宪钟、严志达、吴光磊及物理学家杨振宁等都于此听过陈省身的课。西南联合大学"数学三杰"指的就是华罗庚（图 8-11）、陈省身与许宝騄（图 8-12），其中陈省身先生最年轻，华罗庚与许宝騄同年，比陈先生大一岁。他们都是西南联合大学数学系的杰出人才。许宝騄先生的数理统计工作也是国际一流的，他很早就得到英国数学家、统计学家卡尔·皮尔逊（Karl Person，1857—1936）学派的称赞。在研究随机模型时，需要用到随机矩阵理论。这个理论在物理和统计中都是极为重要的，许宝騄是这一理论的早期开拓者之一。这一理论与泛函分析的交融，产生了自由概率论新的数学分支，并被成功应用于冯·诺伊曼代数的分类问题。华罗庚的堆垒素数论，陈省身的高斯-博内公式的内蕴证明都是在三十多岁时完成的。

图 8-11　华罗庚

图 8-12　许宝騄

　　1943 年，陈省身成为美国普林斯顿高级研究院研究员。1950 年哈佛大学举办国际数学家大会，陈省身做了题为"纤维束几何"的演讲，详细阐述了他与嘉当合作开发的非阿贝尔规范理论。陈示性类的想法成为量子数学家卡拉比在 1957 年的猜想：所有这种流形有一个里奇平直流形的度量。1977 年，该猜想被丘成桐证明了。卡拉比-丘流形（Calabi-Yau manifold）简称卡丘流形，也可被定义为紧里奇平直卡拉比流形。第一陈示性类的曲率表现促发了卡拉比猜想，进而促发了卡拉比-丘空间的构建，成为弦论的根基。

1981—1984 年，陈省身任美国国家数学科学研究所首任所长。1985 年，陈省身在天津创办了南开大学数学研究所并主持工作，致力于使中国成为数学强国，被誉为"整体微分几何之父"。1975 年，诺贝尔物理学奖得主杨振宁博士作诗赞誉陈省身对几何学的贡献："天衣岂无缝，匠心剪接成，浑然归一体，广邃妙绝伦。造化爱几何，四力纤维能。千古寸心事，欧高黎嘉陈。"杨振宁称陈省身在几何上的成就，可以媲美欧几里得、高斯、黎曼和嘉当。

华东师范大学数学系教授张奠宙在《陈省身传》中写道："陈省身发表的数学论文很多，其中最引人关注的有两项：一项是'高斯-博内公式'的内蕴证明以及陈示性类的提出，开创了整体微分几何的新纪元；另一项是后来在世纪之交成为研究热点的陈省身-西蒙斯理论。"大师提拔后进也不遗余力，陈省身从香港将图 8-13 所示的丘成桐带到伯克利大学数学研究所。丘成桐后来也成了获奖良多的数学大师，并任教于伯克利大学。丘成桐是获得国际数学学会菲尔兹奖的第一名华人，也是继陈省身之后第二个获沃尔夫奖的华人。他们的师生情谊持续了 30 年。

图 8-13　丘成桐

数学是一门伟大的学问，其发展同其他科学的联系，是人类思想的奇迹。陈省身特别强调数学研究与其他行业的不同，数学并不很讲求设备。他在其著作中引入的一些概念、方法与工具，其影响已远远超出微分几何与拓扑学的范围，而成为整个现代数学中的重要组成部分。数学的作用是间接的——没有复数就没有电磁学，没有黎曼几何就没有广义相对论，没有纤维丛的几何就没有规范场论。人们对物质现象的深刻研究与高深的数学有着密切的联系。1971 年，汉堡大学颁发荣誉博士学位给陈省身："感谢与赞扬陈省身卓越的科学成就。即便在年轻的时候，他已成为复流形微分几何拓扑学的奠基者之一。陈省身引入了这些现在以他命名的特征类。他众多的论文大大地丰富了微分几何。陈省身所贡献的弥足珍贵的结果以及有用的方法甚至对邻近的领域如代数几何与多变量复函数理论都造成重大的影响。他的学派成员众多，持续将他的想法成功地往前推进。"

　　陈省身的夫人郑士宁女士这样形容他"无时无刻不在思索数学问题，也因此不知他何时何处在思索数学问题"。陈省身一再论证，21 世纪中国成为数学大国是有充分理由的，因为中国人的数学才能无须讨论；因为数学是一门十分活跃的学问，而且很个人化，对于中国人非常合适。早在 20 世纪 80 年代初，他就在国内多所著名大学的讲坛上响亮地提出"我们的希望是到 21 世纪，中国将成为数学大国！" 2004 年 11 月 2 日，经国际天文学联合会下属的小天体命名委员会讨论通过，1998CS2 小行星被命名为"陈省身星"。

 拓展性习题

1. 简述集合论革命。
2. 简述数学知识的共同体价值判断。

第 9 章 爱因斯坦与相对论

　　爱因斯坦是 20 世纪最重要的科学家之一，一生发表了 300 多篇科学论文和 150 篇非科学作品。他的著作包括《相对论：狭义与广义》《我眼中的宇宙》与《物理学的演变》。

　　爱因斯坦被誉为"现代物理学之父"，他最为人所熟知的是相对论以及关于光子的大胆假设。爱因斯坦出生于德国西南部古城乌尔姆的一个犹太人家庭，父亲是个电工设备店店主，母亲是个有成就的钢琴家。1880 年，他随全家搬到慕尼黑，并在那里度过了童年。虽然 3 岁时爱因斯坦仍未懂得说话，但年幼时他却已明白深奥的数学概念。5 岁时一次生病，父亲送给他一个指南针，启发了他对自然科学的好奇。当他 6 岁时，母亲教他学习小提琴，14 岁时他已经能登台演奏了。在爱因斯坦的一生中，小提琴一直伴随着他。他的叔叔是一位爱好数学的工程师，也是他的数学启蒙老师。12 岁时，爱因斯坦自修欧几里得几何学。

　　10 岁时，爱因斯坦进入慕尼黑教会中学读书，其基础知识源于家庭和自学。由于除了数学成绩优秀之外，其他学科均很差，1894 年爱因斯坦受到了退学的处分。他的父亲曾写信给朋友说："爱因斯坦的中学功课成绩并不完全符合我的希望和期待。很久以来，我已经看惯了他的成绩单上总是有不太好的和很好的成绩。"爱因斯坦在瑞士接受完中学教育后，就读苏黎世联邦理工学院。在大学四年中，他的主要精力不是用于正规课程，而是自学一些名家的著作。纵使很少上课，但靠着同学马塞尔·格罗斯曼的课堂笔记，爱因斯坦仍能取得及格的成绩。1900 年毕业后，没有教授愿意推荐他在大学里工作，爱因斯坦只好出任私人导师或代课老师。

　　1902 年，爱因斯坦在瑞士伯尔尼找到了联邦专利局技术员的职务，他利用业余时间继续自修理论物理。1905 年，爱因斯坦共发表了 4 篇在物理学各领域中最富有创造性的伟大论文。在《分子体积的新测定方法》这篇论文中，他对于液体中随意分布的粒子的运动做出了重要预测，这篇文章使他获得苏黎世大学博士学位。《关于光的产生和转化的一个启发性观点》一文提出了一项革命性假设：光可以被视为带有能量的粒子。1921 年，爱因斯坦凭借此文获得诺贝尔物理学奖，成为旧量子力学理论的奠基人之一。《论运动物体的电动力学》一文宣告了相对论的诞生，标志着从此整个物理学步入了全新时代。在《物体的惯性同它所含的能量有关吗？》这篇论文中，爱因斯坦提出了著名的质能方程 $E = mc^2$，该方程开启了原子能时代的大门。后人认为这两篇论文是爱因斯坦对物理学最重要的贡献，在广义相对论建立的早期，数学部分由格罗斯曼负责撰写。

在研究的早期阶段，爱因斯坦的主要赞助人是图 9-1 所示的德国物理学家马克斯·普朗克（Max Planck，1858—1947）。1913 年，普朗克和图 9-2 所示的德国物理学家瓦尔特·赫尔曼·能斯特（Walther Hermann Nernst，1864—1941）代表普鲁士科学院邀请爱因斯坦回德国工作。1914 年，爱因斯坦担任威廉大帝物理研究所所长兼柏林大学教授，这个教职给予了他经济上的支持，使他能够全时间从事研究工作。在担任过多个学术界职位后，爱因斯坦被委任为柏林凯泽·威廉物理学院的院长。爱因斯坦经常说："只有了解宇宙的本质，这学问才有恒久的意义。"巴拿赫定点定理是数学美的典型代表：条件简洁、结论重要、证明直接且应用广泛。巴拿赫定点定理的直观诠释是：假设有一张扑克牌或照片在桌上，而你手上有一张完全一样的缩小版本。随便将手上这张丢入桌上的扑克牌或照片内，那么根据巴拿赫定点定理这两张牌或照片一定有一点是重叠的。爱因斯坦曾指出：一切科学的伟大目标是要从尽可能少的假设或公理出发，通过逻辑的演绎涵盖尽可能多的经验事实。一个有品位的数学家会感觉一个领域比另一个领域更具吸引力，那是因为他们寻求漂亮的方法而竭力避免笨拙或丑陋的论证方式。

图 9-1　马克斯·普朗克　　　　图 9-2　瓦尔特·赫尔曼·能斯特

1915 年，爱因斯坦在写下最终的方程前，曾与多位数学家进行交流。数学界对他的成就倍感兴奋，几位重要数学家随即着手结合重力与电磁力。1916 年，爱因斯坦发表了《广义相对论基础》，这是关于广义相对论的第一篇完整论文，也是对这项工作的总结。他把"狭义相对论"推广至任何坐标系而导出"广义相对论"，把引力、加速度与四维时空联系起来，以此来解释行星运动中出现的变化。与此同时，他还预测了星光会在质量大的天体附近出现曲折。1921 年，因光电效应研究方面的贡献，爱因斯坦获得诺贝尔物理学奖。

1933 年，爱因斯坦迁居美国，任新泽西州普林斯顿高等学术研究院教授。1939 年，爱因斯坦联同几位物理学家一同致信美国总统罗斯福，指出德国政府制造原子弹的可能性。后来，他发觉德国人并未研制原子弹，希望及时写信给罗斯福总统要求停止使用。可惜总统未及拆阅就已经与世长辞。新总统下令用原子弹轰炸日本的广岛和长崎，他的理论（$E=mc^2$）被验证了，可能由于内疚，爱因斯坦在宣扬全球裁减军备及世界政府的事业上非常活跃。1954 年 11 月，爱因斯坦在记者杂志上发表声明，不愿再在美国当科学家了。1940 年，爱因斯坦获得美国国籍，1955 年病逝于普林斯顿。

9.1　1902—1909 年的爱因斯坦

1896 年秋，爱因斯坦进入苏黎世联邦理工学院的师范系，主修数学和物理。

爱因斯坦对联邦理工学院物理教授韦伯讲的课不感兴趣，他想学习图 9-3 所示的苏格兰理论物理学家和数学家詹姆斯·克拉克·麦克斯韦（James Clerk Maxwell，1831—1879）的电磁学理论。爱因斯坦曾经回忆他的大学时代："在那里，我有几位卓越的老师（比如，霍尔维兹与明可夫斯基），所以照理说，我应该在数学方面得到深造。可是我大部分时间却是在物理实验室工作，迷恋于同经验直接接触。其余时间，则主要用于在家里阅读基尔霍夫、亥姆霍兹与赫兹等人的著作。我在一定程度上忽视了数学，其原因不仅在于我对自然科学的兴趣超过了对数学的兴趣，而且还在于下述奇特的经验。我看到数学分成许多专门领域，每一个领域都能吞噬短暂的一生。因此，我觉得自己的处境像布里丹的驴子一样，它不能决定究竟该吃哪一捆干草。"

图 9-3　詹姆斯·克拉克·麦克斯韦

1900 年 8 月大学毕业后，爱因斯坦一直到 1901 年 5 月才在一间中学得到数学代课教师的工作，但 7 月又失业了。1901 年 10 月—1902 年 1 月，爱因斯坦又到一间私立学校当了一学期代课老师。1902 年 6 月，爱因斯坦在马塞尔·格罗斯曼的帮助下，在瑞士伯尔尼的专利局担任技术员，一直在专利局一直待到 1909 年 10 月。有了稳定的工作收入，爱因斯坦才得以专心思考当时物理学的前沿问题。在广义相对论诞生之前，爱因斯坦认为引力可能源自几何效应。由于欧几里得几何属于平面几何，无法用于这方面的研究。因此，爱因斯坦寻求格罗斯曼的帮助，研究微分几何和张量微积分。对于爱因斯坦的想法，格罗斯曼指出非欧几何的重要意义。他们着重研究了黎曼几何，这是创立广义相对论的必经之路。黎曼几何成为广义相对论的基本语言，爱因斯坦重新审视了理论物理学中数学的角色。

自英国数学家及物理学家艾萨克·牛顿以来，科学家们便一直在尝试了解物质和辐射的性质，并设法解释从不同的惯性参考系来观察——一个静止的和一个正在匀速移动的人同时观察——辐射和物质间的相互作用。惯性定律是指物体在不受外力影响时，静者恒静，动者维持匀速直线运动。也就是说，牛顿第一运动定律成立，并称这个使惯性定律成立的时空状态为惯性系或惯性坐标系。在一个惯性系统中，我们无法察觉自己究竟是静止的还是运动的，但地球并不是一个严格定义下的惯性系统。

1905 年年初，爱因斯坦发觉问题的症结不在于关于物质的理论，而在于关于量度方法的理论。基于物理体系状态变化的定律，与描述这些状态变化时所参照的坐标系究竟是用两个在互相以等速移动的坐标系中的哪一个并无关系；任何光线在"静止的"坐标系中都是以确定的速度 c 运动着，不管这道光线是由静止的还是运动的物体发射出来的。这两个假设被爱因斯坦称为相对性原理和光速不变原理。爱因斯坦提出一套理论：相对的原则（物理定律在所有惯性的参考系中都是相同的），光速不变的原则（在真空的情况下，光速是一个宇宙常数）。在陈述相对性原理时，爱因斯坦提到的坐标系其实是指惯性坐标系（又称伽利略坐标系）。相对性原理最早由伽利略提出，由牛顿发扬光大，并提出了牛顿第一运动定律（又称惯性定律）。

爱因斯坦对在不同惯性系统中的物理现象进行了一致而准确的描述。他认为不需要为物质、辐射和它们之间的相互作用的性质提出个别的假设。爱因斯坦对数学的推崇，来自研究广义相对论时的数学体验。1933 年在牛津大学演讲理论物理方法时，爱因斯坦说："我坚信纯粹数学的建构可以使我们发现观念和联系观念之间的法则，开启我们对自然现象的理解。"格罗斯曼向爱因斯坦介绍了绝对微分学，意大利数学家格雷戈里奥·里奇-库尔巴斯特罗和图利奥·列维-齐维塔都给了爱因斯坦很多帮助。

1902—1909 年，爱因斯坦影响后世最大的学术贡献，首推 1905 年 6 月有关狭义相对论的完整论述、质能互换公式 $E = mc^2$、1907 年发现的等效原理以及基于此发展出来的广义相对论。1905 年被人们称为爱因斯坦奇迹年，因为他在这一年向世界提出了一套明显合理，但却一直不为人所理解的理论。狭义相对论与广义相对论的区别在于广义相对论引入了重力，而狭义相对论只是讨论单纯的时空及存在于时空的光或电磁波。最初爱因斯坦认为，应该将时间延迟的因素加入牛顿力学方程重新修改，但并不成功。1907 年，爱因斯坦决定回归基础，开始深入研究重力。尽管当时有一些物理学家还无法接受爱因斯坦的相对论，有人提出以光电效应来给予奖项。1922 年 11 月 10 日，瑞典科学院秘书却在一封电报中告诉爱因斯坦："因为你在理论物理的工作，特别是你发现了光电效应的规律，我们决定将去年的诺贝尔物理学奖颁赠予你，但不考虑你的相对论和重力理论……"

9.2 时间与空间的意义

1632 年伽利略出版《关于托勒密与哥白尼两大世界体系的对话》，在书中设想一名被关在船舱中的乘客感受，该名乘客观察舱中飞虫运动与鱼缸中鱼儿游动，会发现与在岸上之状况并无太大差别，甚至用力投掷石头观测其飞行轨迹也与在岸边丢掷差不多，因此在无法窥见舱外景色变化的前提之下，乘客实在无法借由任何观测判断自身处于静止的船舱中，抑或船只以固定速度前行。这就是著名的伽利略相对性原理，用现代物理语言表述为：力学定律在所有惯性坐标系中具有相同之数学形式；任何力学实验皆无法区分观察者是静止或匀速运动。而所谓惯性坐标系就是观察者静止或作匀速运动之坐标系，也是惯性定律能成立的坐标系。伽利略崇尚数学在物理研究中的重要性，但其力学理论中仍残留着亚里士多德思想。这种解释看似正确，但问题在于匀速运动的坐标系到底是相对于谁？他认为自由落体不是因为受力而加速，而是物体的自然倾向。史学家曾评论伽利略的力学理论是互不相容元素组成的混合体。1664 年，牛顿开始研究微积分，并钻研伽利略、开普勒及笛卡儿的著作。

牛顿法或一般的迭代法在本质上非常符合牛顿的机械论。宇宙像时钟那样运行，某一时刻宇宙的完整信息能够决定它在未来和任意时刻的状态。只要给定了法则，然后就让它机械地运转得到下一刻的状态。牛顿还曾用著名的水桶实验来证明绝对空间的存在。牛顿是这样叙述的：“如果用长绳吊一水桶，让它旋转至绳扭紧，然后将水注入，水与桶都暂处于静止之中。再以另一力突然使桶沿反方向旋转，当绳子完全放松时，桶的运动还会维持一段时间；水的表面起初是平的，和桶开始旋转时一样。但是后来，当桶逐渐把运动传递给水，使水也开始旋转。于是可以看到水渐渐地脱离其中心而沿桶壁上升形成凹状。运动越快，水升得越高。直到最后，水与桶转速一致，水面相对静止。”

如图 9-4（a）所示，将桶吊在一根长绳上，使其旋转多次而使绳拧紧，然后盛水并使桶与水静止，此时水是平面的。接着松开，因长绳的扭力使桶旋转，起初，桶在旋转而桶内的水并没有跟着一起旋转，水还是平面的，如图 9-4（b）所示。转过一段时间，因桶的摩擦力带动水一起旋转，水就形成了凹面，如图 9-4（c）所示。直到水与桶的转速一致，这时，水和桶之间是相对静止的，相对于桶，水是不转动的。但水面却仍然呈凹状，中心低，桶边高。

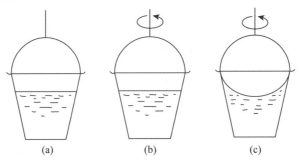

图 9-4　牛顿桶实验

时间和空间是数学知识基于心灵的两种先天直观，它们是经验直观的普遍形式条件。牛顿把时空的概念分成绝对的与相对的、真实的与表象的以及数学的与普通的。关于时间，牛顿认为：“绝对的、真实的和数学的时间自身在流逝着，而且由于其本性而在均匀地、与任何外界事物无关地流逝着，它又可名为‘期间’；相对的、表象的和普通的时间，是期间的一种可感觉的、外部的或者是精确的，或者是变化着的量度，人们通常就用这种量度，如小时、日、月、年来代表真正的时间。”关于空间，牛顿写道：“绝对空间，就其本性而言，是与外界任何事物无关而永远是相同的和不动的。相对空间是绝对空间的某一可动部分或其量度，是通过它对其他物体的位置而为我们的感觉所指示出来的，并且通常是把它当作不动的空间的。”关于运动，牛顿写道：“绝对运动是一个物体从某一绝对处所向另一绝对处所的移动。”“真正的绝对的静止，是指这一物体在不动的空间的同一个部分继续保持不动。”这就是牛顿的绝对时空观。

牛顿对于该实验的解释，在 100 年后遭到奥地利物理学家与哲学家恩斯特·马赫的批判和爱因斯坦的颠覆。马赫强调经验主义，主张不能向感官经验显示之事物，因为在自然科学中这样都是毫无意义的。这样的思想影响爱因斯坦甚深，使爱因斯坦坚信相对运动的正确性，摒弃牛顿对绝对空间的想法，进而提出狭义相对论中相对时空的概念，而在之后建构广义相对论时，马赫对于牛顿水桶的解释也让爱因斯坦深信惯性力与重力在本质上有深刻联系，惯性力可看作一种与重力类似的交互作用，进而消除了惯性坐标系的优越性。

爱因斯坦说："想象力比知识还重要。因为知识是有限的，而想象力是无穷的，它可以包含整个世界，激发进步并产生演化。"像自由落体定律就是想象力的成果，而不是由实验数据经过内插法或外延法得到的。爱因斯坦曾说他之所以发明相对论，是因为一直没有放弃儿童时代对时间和空间感到的困惑。他独来独往，终生喜欢一个人独自思考。牛顿力学对天体运动做出了近乎完美的解释，并预言了海王星的存在。这些成功的背后都得益于太阳几乎集太阳系的全部质量于一身的事实，它是如此的重以至于可以近似地认为它是不动的。爱因斯坦抛弃了牛顿的绝对时空观。他认为空间是动态的，能对发生于其中的事件作出反应。如果将重物比如地球这样的行星放在空间中，周围的空间会稍微改变。行星的出现造成空间的小小凹陷，当其他物体（如月亮）靠近这个行星时，会感受到空间的凹陷，并且像弹珠在碗里滚动一般，绕着行星转动，这就是我们所称的重力。其成为时间与空间曲率的展现。爱因斯坦赋予每一列火车一个自己的惯性时空，在每一个这样的时空里，必须先建立起时空的坐标 (x, y, z, t)。在爱因斯坦的相对论中，首先要有一个制造相同的钟和制造相同的刚性米尺的工厂，并由这个工厂将相同的钟和尺分送给各个匀速运动的惯性系。虽然放弃了绝对时空的概念，但是仍然要能比较不同时空之间的转换，爱因斯坦利用不变的光速来联系不同的时空。在 1905 年 6 月发表的论文《论动体的电动力学》中，爱因斯坦提出"相对性原理"和"光速不变原理"作为狭义相对论的基础，然后据以得出两个以匀速互相运动的惯性系之间的洛伦兹转换。

同一个事件在不同的惯性系中，其坐标表示之间必须相互转换。在牛顿绝对时空的框架下，需要用到伽利略变换。而在爱因斯坦的相对时空框架下，要用洛伦兹变换。洛伦兹变换的一个特殊形式是：

$$
\begin{cases}
x' = (x - vt) \Big/ \sqrt{1 - \dfrac{v^2}{c^2}} \\[2mm]
t' = \left(t - \dfrac{v}{c^2}x\right) \Big/ \sqrt{1 - \dfrac{v^2}{c^2}} \\[2mm]
y' = y \\
z' = z
\end{cases}
$$

这个公式成立的原因如下：相对性原理保证这个变换是线性的；空间本身的对称性简化了变换的形式；光速不变原理确定 x、t 的系数。时空在不同的惯性坐标系中互相转换时，由于本身具有均匀性，要求坐标转换公式必须是线性的，即每一个变数都要以一次出现。所谓线性是指从一个惯性坐标系转换成另一个惯性坐标系时，坐标之间的方程式必须是一次多项式的形式。爱因斯坦 1905 年的论文中对线性的论述如下："对于完全地确定静系中的一个事件的位置和时间的每一组值 x、y、z、t，对应有一组值 x'、y'、z'、t'，它们确定了那一事件对于坐标系 k 的关系，现在要解决的问题是求出联系这些量的方程组。

首先，这些方程显然应当都是线性的，因为我们认为空间和时间是具有均匀性的。"在线性变换之下，原本等长的线段会保持等长。爱因斯坦利用光来校准各个惯性系统内部的时钟，光速不变原理的意思是，无论在哪个系统中，只要看到一束光，以自己的钟和尺来量这束光的光速都是一样。

1908年，闵可夫斯基在演讲中这样说道："我要向各位提出的空间和时间的概念是从实验物理的土壤中生出来的。这些概念之所以有力，是因为它们是最基本的。从现在起，空间本身和时间本身注定要消逝在阴影当中，只有两者结合在一起才能保有独立的实体。"自此，时与空不再各自独立，"时空"成为一个独立的实体。爱因斯坦发明弯曲四维时空的观念来描述万有引力现象，并提出光子的观念和效应。相对论是在牛顿经典力学、麦克斯韦经典电磁学等的基础上首次提出的"四维时空"概念。时间和空间各自都不是绝对的，绝对的是它们的整体——时空。在时空中运动的观察者可以建立自己的参照系，可以定义自己的时间和空间，而不同的观察者所定义的时间和空间可以是不同的。

1912年10月，爱因斯坦回到母校任理论物理教授，和瑞士数学家马塞尔·格罗斯曼合作探索广义相对论。马塞尔·格罗斯曼不仅是爱因斯坦大学时代的好友，在爱因斯坦失业的时候，正是格罗斯曼的父亲推荐爱因斯坦求职于专利局。大学毕业留校当助教后，格罗斯曼变成苏黎世联邦理工学院的数学教授。他对学术界最大的贡献，就是协助爱因斯坦完成广义相对论的数学部分。马塞尔·格罗斯曼帮助爱因斯坦成功地将重力场下的时空结构，以黎曼几何的语言加以表述。1913年，格罗斯曼和爱因斯坦在德国期刊《数学和物理》上合作发表了一篇开创性论文《广义相对论纲要和引力论》。这篇论文分为数学和物理两部分，其中数学部分主要是提供广义相对论的基本语言——黎曼几何。爱因斯坦的数学运算能力远不如他的物理直觉能力。后来，爱因斯坦与希尔伯特又进行了深入探讨。在受到希尔伯特的深刻启发之后，爱因斯坦最终得到了引力场方程。

希尔伯特曾评论道："哥廷根大街上每一个中学生对四维几何的理解都比爱因斯坦强。然而是爱因斯坦，而不是数学家做出了这个工作。"美国物理学家约翰·阿奇博尔德·惠勒（John Archibald Wheeler，1911—2008）说："这位业余数学家抓住了专家们无从想到的简单要点。爱因斯坦是从哪里获得了这种从无关紧要的事物中筛出本质的能力呢？""爱因斯坦是一个局外人，对于局内情形的理解，比任何一位局内人都要清楚。爱因斯坦永远有着超越所有局内人视野的视野。"1916年，爱因斯坦发表了论文《广义相对论的基础》，在其中他特别指出："用了闵可夫斯基所给予的狭义相对论的形式，相对论的这种推广（到广义）就变得很容易；这位数学家首先清楚地认识到空间坐标和时间坐标形式上的等价性，并把它应用在建立这一理论方面。"

9.3　狭义相对论

1905年6月，爱因斯坦完成了论文《论运动物体的电动力学》的撰写，从两大基本公设出发，破除了牛顿对绝对时间与绝对空间的错误想法。在1907年和1911年的论文中，爱因斯坦进一步指出：重力场不是惯性系统，因此光速会受到重力场的影响。爱因斯坦将独立的时间与空间概念合一，以崭新的相对时空观完整地提出了狭义相对论。这种区别于牛顿时空观的新的平直时空理论揭示了空间和时间的本质关系，让物理学界对时空有了新的理解。爱因斯坦意图论证：运动并非定义在绝对空间，而是取决于不同运动之间的相对性。光速何以是恒定的？狭义相对论断言同时性并非绝对。高速运动时，距离缩短，时钟变慢。但该理论中的观察者是以恒定的速度做相对运动。那么加速中的运动又是如何？爱因斯坦意识到等价原理：重力与加速度是等价的，效果一致。加速中的观察者在时空中沿曲线运动，因此重力就是时空的曲率。1912 年，爱因斯坦求助于格罗斯曼，从黎曼几何描述四维时空。对其度量张量，找到可在非线性坐标变换下保持不变性的微分方程。1915 年，在与希尔伯特通过书信讨论之后，他完整地写下了场方程，其左侧描述时空的几何形状如何被物质扭曲，右侧描述物质在重力场中的运动。

"狭义"表示它只适用于惯性系统，也就是说在所有没有加速度的系统中都适用。这个理论的出发点基于狭义相对性原理和光速不变原理。爱因斯坦重新思考了在物理学中关于空间与时间的概念以及两者之间的关系，将本来仅适用于牛顿力学中的伽利略相对性原理扩充到电磁学领域，也就是让麦克斯韦的电磁方程式对不同的惯性系具有相同的形式。狭义相对论的两个基本假设：光速不变原理是指在真空中所有的惯性系的观察者所量到的光速都是一样的，其值皆等于 299 792 458 m/s。不论观察者正在接近光源或远离光源，所量到的光速都相等。相对性原理是指在所有惯性系中，物理定律应该具有相同的表达形式。这是对古典力学相对性原理的推广，它应该适用于一切的物理定律，本质是指所有惯性系都是等价的。狭义相对论表明光速绝对不只是某一特定现象（即电磁波的传播）的速度，而是空间与时间结合成四维时空的一个基本特征。此特征的一项必然结果就是没有任何具有质量的粒子可以被加速到光速，光速变成了所有具有真实质量的粒子的速度上限。

狭义相对论中许多有趣的题目，如著名的质能公式、双生子悖论、能量-动量四维向量以及相对论性电磁场理论等。利用上面的两个基本假设，再结合其他物理定律，狭义相对论预言了质量与能量是可以互换的。这个想法被写成 $E = mc^2$，这个 20 世纪最有名的物理公式改变了人类的历史。爱因斯坦从这两个假设出发，推导出洛伦兹坐标转换式。从狭义相对论推导出许多跟我们直觉相违背的结论，例如长度收缩（当物体在运动时，在运动的那个轴向，会产生收缩）、时间膨胀（当物体在运动时，与物体同一坐标系的时钟会变慢）以及同时的相对性（两事件是否同时发生取决于观察者的运动状态）等，这些看似不合常理的现象在实验室或自然界中已经获得证实。

1915 年 11 月，爱因斯坦必须在普鲁士科学院针对广义相对论，为所有柏林的杰出科学家，进行一系列每周一场的演讲。在每周的最后，他把自己刚想出的结果作为题材来演讲。与此同时，希尔伯特寄信给爱因斯坦，透露自己的研究也在大致不差的方向。终于，在进行最后一场演说的那周，爱因斯坦解开了问题。在该周的尾声，他站在普鲁士科学院，向全世界宣布几天前刚想出的广义相对论。狭义相对论只能处理做匀速运动的坐标系之间的转换，爱因斯坦花费了 10 年的时间，在 1916 年发展出更一般的广义相对论。建立在黎曼几何上面的广义相对论能处理加速度的坐标系转换，包含重力引起的效应。在 1916 年的论文中，爱因斯坦改进了 1907 年与 1911 年的计算方法，引入了微分几何和爱因斯坦场方程式。随着等效原理的出现，对于观察者的身份而言，就不能将其限制在以匀速运动的惯性坐标系中了——那只是狭义相对论的一个简化的状态——而要考虑以加速度运动的非惯性坐标系了。因为受到重力相当处于加速状态，因此所谓的坐标变换就绝对不能仅限于"线性"，也不能预先假设光速是常数了。爱因斯坦的广义相对论要追求的是在任意坐标变换之下都能维持协变的方程式，这就是所谓的张量形式。这种把重力与加速度都包含在内的时空理论，能够准确地描述我们身处的宇宙。广义相对论所涉及的数学非常深奥，需要使用十分抽象的黎曼几何以及张量的概念。广义相对论发表后不久，德国数学家、天文学家卡尔·史瓦西（Karl Schwarzschild，1873—1916）提出场方程的球形对称解据以推断：球形对称时，在太小的空间塞进过重的物质和能量，将导致时空塌陷形成奇异点即黑洞。1965 年，图 9-5 所示的英国数学物理学家、牛津大学数学系名誉教授罗杰·彭罗斯（Roger Penrose，1931— ）发表以著名论文《引力坍塌和时空奇点》为代表的一系列论文，与图 9-6 所示的英国著名物理学家和宇宙学家斯蒂芬·威廉·霍金（Stephen William Hawking，1942—2018）一起创立了现代宇宙论的数学结构理论。罗杰·彭罗斯在爱因斯坦方程奇异解的物理中，演绎了黑洞的形成并描述其细节。他证明出在广义相对论中奇异点是一般现象，与对称性无关，黑洞的形成是爱因斯坦广义相对论的直接结果。在此奇异点所有物理定律失效，彰显了物理理论的不完备。2015 年 9 月 14 日，激光干涉引力波天文台（Laser Interferometer Gravitational-Wave Observatory，LIGO）首次记录到黑洞碰撞的重力波信号。黑洞碰撞传递给我们的是宇宙大爆炸以来人类探测到的最强大单一事件，重力波的强度大于太阳光度的 1 021 倍。发生碰撞的这一对黑洞，其中一个是太阳质量的 29 倍，另一个是太阳质量的 36 倍。某些初始条件，使爱因斯坦方程解在有限时间之后，在空间某点会变成 ∞，即物质凝聚到非常稠密。由理论依据恒星质量大小将演化成白矮星，中子星或坍缩为黑洞。黑洞的形成是广义相对论所描述的古典重力场论最令人惊叹的结论。重力场量子化触及时空更根本的性质。2020 年 10 月 6 日，瑞典皇家科学院常任秘书戈兰·汉松宣布，将 2020 年诺贝尔物理学奖授予罗杰·彭罗斯，因为其发现黑洞的形成是对广义相对论的有力预测。

图 9-5　罗杰·彭罗斯　　　　　　　图 9-6　斯蒂芬·威廉·霍金

1922 年 12 月，爱因斯坦在日本京都大学演讲时说："如果所有的系统都是等效的，那么欧氏几何就无法全然成立。但是舍去几何而留下物理定律，就好像舍去语言而留下思想。我们必须在表达思想之前找到语言，我们到底能找到什么语言？一直到 1912 年的某一天，我突然想到解开秘密的钥匙就是高斯的曲面论，不过那时我还不知道其实黎曼已经为几何立下了更深刻的基础，我终于认识到几何学的基础在物理上的重要性，我问我的朋友，黎曼的理论是否能解答我的问题。""当时（指 1907 年 11 月）我坐在专利局的座位上，突然灵光一闪：一个人如果处于自由落体状态，他就无法感知重力。这样一个单纯的思想让我非常震惊，而促成我走向重力理论。"爱因斯坦把这个想法称之为"毕生最快乐的思想"。从 1935 年开始，年轻的研究助理，即图 9-7 所示的纳森·罗森（Nathan Rosen，1909—1995）帮助爱因斯坦进行数学方面的计算。美籍以色列裔物理学家纳森·罗森与爱因斯坦及鲍里斯·波多尔斯基共同提出了当时量子物理学理论下会出现的 EPR 悖论现象。纳森·罗森在评价爱因斯坦时，曾经这样写道："在构造一个理论时，他所采取的方法与艺术家所用的方法具有某种共同性；他的目的在于求得简单性和美，而对于他来说，美在本质上终究是简单性。"

图 9-7　纳森·罗森

约翰·阿奇博尔德·惠勒认为相对论的思想要点是简单的，数学家们似乎唾手可得，难的是从没有到有。这样的思想，不可能从实施它所需要的专业知识和技能中演绎出来。要想出相对论，需要根源性的发问和领悟。美籍英裔数学家和物理学家弗里曼·戴森（Freeman Dyson，1923—2020）的看法与惠勒相近，他比较过量子力学和广义相对论，认为量子力学是由物理学发展的形势、其中的迫切问题逼出来的。相对论却不是这种情况，它是爱因斯坦个人的天才创造。如果没有爱因斯坦，相对论就是再过 100 年也不会出现。

1915—1916 年，爱因斯坦有两个伟大的发现。第一个发现是他以广义相对论计算出水星近日点的进动值，解决了法国天文学家勒威耶（Le Verrier，1811—1877）在 1859 年 9 月 12 日提出的"水星近日点因为一些尚未清楚的作用，每 100 年要多移动 38 弧秒"的问题。水星绕日的轨道并不是一个静态的椭圆，它的近日点会缓缓滑动。当只有太阳位于坐标原点时，卡尔·史瓦西很快找到了一个爱因斯坦重力场方程简单球对称的度规解。爱因斯坦依据小质量沿度规的短程线运行的运动方程计算了水星近日点的进动值。第二个发现就是利用广义相对论计算光线经过太阳时的偏折角度是 1.7 弧秒。爱因斯坦依据光走短程线运行，计算了光线经过太阳时的偏折角度，这与后来的天文观测值相符合。爱因斯坦的广义相对论得到了精密的天文观测或实验的支持。发现新定理、创立新理论是做他研究数学最大的乐趣。爱因斯坦的新理论提出了许多牛顿理论所没有的重要预测，其中之一就是光会偏折。假设有个恒星躲在太阳后面，或许你会认为因为太阳挡在半路上，恒星的光无法到达地球，但爱因斯坦认识到事实并非如此。空间的凹陷导致光不会沿着直线前进，而是以某个角度偏折至太阳周围再到达我们的眼睛。如果用直线回溯光源，我们看到的恒星会稍稍偏向太阳的左侧或右侧，而不是出现在太阳的正后方，因此我们认为恒星位置与其实际位置有落差。太阳对我们来说实在太亮了，我们看不到它周围的恒星。另外，根据广义相对论得出"高处时钟必定走得快"的结论，后来也被精密的实验证实了。1919 年 5 月 29 日，爱丁顿率领一个观测队到达西非普林西比岛，拍摄日全食照片。通过照片的比对，广义相对论得以验证，牛顿的理论被证明需要修正，爱因斯坦成为比肩牛顿的伟大科学家。虽然狭义相对论涉及的数学相对简单，但是由于抛弃了绝对时空的概念，一般人仍然难以接受。

现代物理学的开创者和奠基人爱因斯坦，不仅是一个富有哲学探索精神的杰出的思想家，也是一个有高度社会责任感的正直的人。他先后生活在西方政治旋涡中心的德国和美国，经历过两次世界大战。他深刻体会到科学工作者的劳动成果对社会能够产生的影响，知识分子要对社会负怎样的责任。他提出了相对论、光子假设，成功解释了光电效应，他的理论为核能的开发奠定了理论基础。在他的参与下，原子弹等核武器被制造了出来。他开创了现代科学技术的新纪元，被公认为是继伽利略、牛顿之后最伟大的物理学家。

中国科学院院士、诺贝尔物理学奖获得者杨振宁先生，曾这样评价爱因斯坦："20 世纪物理学的三大贡献中，两个半都是爱因斯坦的。""爱因斯坦厉害的地方在于，一方面，他知道一些数学知识，对于数学中很微妙的地方有直觉的欣赏能力；另一方面，他对物理中的现象也有近距离的了解。他跟所有人都不同的地方就在于，他既能近看又能远看。"杨振宁所说的 20 世纪物理学的三大贡献，指的就是狭义相对论、广义相对论和量子力学。1999 年 12 月，爱因斯坦力压罗斯福、丘吉尔和比尔·盖茨等政治领袖、商业巨头，被美国《时代周刊》评选为 20 世纪的世纪伟人。

拓展性习题

1. 简述自然数学化。
2. 简述数学真理观的发展过程。

第 10 章 | 数学方法论

近年来，国内外一些著名数学家都致力于对数学哲学的研究，从本体论与认识论的角度提出了数学的模式观。模式的概念不仅适用于数学的概念和理论，也适用于数学的公式和定理。数学就是对模式的研究，概念、理论、公式、定理、问题和方法等都可被看成是模式。数学模式在本体上具有两重性。就其内容来讲，数学对象具有明显的客观意义，即思维对于客观实在的能动反映。就其形式结构而言，数学并非客观世界中的真实存在，而只是一种创造性思维。数学模式与模型成为连接抽象理论与现实世界的桥梁。数学科学中的大量数学模式都是多次弱抽象和强抽象过程交互为用的产物。合理的数学对象应该是一种具有真实背景的抽象物，而且完成数学对象的抽象过程是遵循人类认识规律的。

图 10-1 所示的英国数学家、哲学家与逻辑学家阿弗烈·诺夫·怀特海（Alfred North Whitehead，1861—1947）在题目为"数学与善"的讲演中，把数学视为对各种类型的模式进行理智分析的活动。怀特海认为"数学对于理解模式和分析模式之间的关系是最强有力的技术"。美国数学家麦克莱恩在文章《数学模型——对数学哲学的一个概述》中指出："数学在于对形式结构的不断发现，而形式结构则反映了客观世界和人类在这个世界里的实践活动，强调的是那些具有广泛应用和深刻反映现实世界某一方面的结构。换句话说，数学研究的是相互关联的结构。"图 10-2 所示的苏联 20 世纪最杰出的数学家、公理化概率论的创立者安德雷·柯尔莫哥洛夫（Andrey Kolmogorov，1903—1987）在文章《我如何成为一位数学家》中写道："当我五六岁的时候，独自观察到模式 $1=1^2$，$1+3=4=2^2$，$1+3+5=9=3^2$，$1+3+5+7=16=4^2$，等等。这些奇数与平方数的关系让我经历了数学发现的狂喜。"从此，柯尔莫哥洛夫与数学结下了不解之缘。柯尔莫哥洛夫的研究涵盖了纯数学与应用数学中的重要领域。1920 年，他进入莫斯科大学学习数学、冶金与俄罗斯历史。1922 年，他证明了一个令人大吃一惊的定理：存在一个函数 $f \in L^1[a, b]$，使 f 的三角级数几乎处处发散。

图 10-1　阿弗烈·诺夫·怀特海

图 10-2　安德雷·柯尔莫哥洛夫

　　数学中的每一次重大的发现和发明，都伴随着认识论与方法论上的突破。科学思维的最后产物往往是数学形式体系。除了在整个科学体系中具有科学典范地位之外，数学还具有超越科学范畴的本体论意义和认识论价值。数学方法是用数学所提供的概念、方法和技巧进行定量的描述、推导和演算，对数学结果进行分析和判断，再对特定的问题得出新的结论和预见；数学方法是从量的方面揭示研究对象规律性的一种科学方法，它只抽取出各种量、量的变化和各量之间的关系，以形成对研究对象的数学解释和预测；数学方法是数学的规律与本质，只有完全掌握了数学方法的人，才能成为真正的数学家。

　　图 10-3 所示的我国数学家、教育家、数学方法论的倡导者和带头人徐利治（1920—2019）教授指出："数学方法论主要是研究和讨论数学的发展规律，数学思想方法，以及数学中的发现、发明和创造性活动的规律与方法。数学是一门工具性很强的科学，和别的科学比较起来具有较高的抽象性等特征，为了有效地发展改进并应用它或者把它很好地传授给学生们，就要求对这门科学的发展规律、研究方法、发现与发明等法则有所掌握。"近几十年来，现代电子计算机技术进入人工智能和模拟思维的阶段，促进了数学方法论的蓬勃发展。随后，信息论、控制论、认知科学和人工智能的最新研究成果也相继进入数学方法论领域。

图 10-3　徐利治

阿基米德是数学史上第一位强调"发现方法论"的人。他的方法论是：数学研究由问题出发，先有探索的发现过程，然后才有证明。阿基米德的著作完整且简练，是数学阐述的典范。阿基米德对数学最大的贡献体现在某些积分学方法的早期萌芽上。阿基米德早年曾在古希腊学术中心亚历山大跟随欧几里得的门徒学习，并在那里结识了许多好友。阿基米德的许多学术成果都是通过和亚历山大的学者通信往来保存下来的。自约公元前300年，欧几里得首次完成公理化几何学以来，学者们几乎只以定义、公设、定理与证明来展示数学。此后2 000多年，对数学探索发现过程避而不谈似乎成了数学的传统。1906年，丹麦语言学家海伯格在土耳其君士坦丁堡发现阿基米德的失传著作《阿基米德方法》。《阿基米德方法》的中心思想是：要计算一个未知量，先将它分成若干微小量，再用另一组微小量来和它比较。通常是建立一个杠杆，找一个合适的支点，使前后两组微小量取得平衡。通常后者是较易计算的，于是通过比较即可求出未知量来。这实质上就是积分法的基本思想。为了找出所求图形的面积和体积，可将它分成很多窄的平行条和薄的平行层，接着，将这些条或层挂在杠杆的一端，使它平衡于体积和重心为已知的图形，利用杠杆平衡原理及已知图形的面积与体积，可探求出未知图形的面积和体积。平衡法体现了近代积分学的基本思想，可以说是阿基米德数学研究的最大功绩。阿基米德在这篇著作中应用力学探索方法确定了球体积，抛物线弓形面积，以及椭球体、抛物线旋转截体和球缺的体积。

阿基米德在《阿基米德方法》中强调：发现定理的方法，其重要性绝不亚于定理的证明。阿基米德的智慧已伸展到17世纪中叶无穷小分析领域。阿基米德这种先利用杠杆原理的方法猜测出答案，再利用逻辑严格加以证明的方法，极具启发性。阿基米德的著作还有《论平面平衡》《抛物线求积》《论螺线》等，这些著作无一不是数学创造的杰出之作。正如英国数学史家希思所指出的，这些著作"无一例外地都被看作是数学论文的纪念碑。解题步骤的循循善诱，命题次序的巧妙安排，严格摒弃叙述的枝节及对整体的修饰润色。给人的完美印象是如此之深，使读者油然而生敬畏的感情"。1714年，莱布尼茨在其发表的《微积分的历史与根源》的开篇也曾写道："对于值得称颂的发明，了解其根源与想法是很有用的，尤其是面对那些并非偶然的，而是经过深思熟虑而得到的发明。发明根源的展示不只是作为历史来了解或鼓舞他人，更重要的是透过发明实例增进发明的艺术。当代最珍贵的发明之一就是微分学的诞生，它的内涵已有足够的解说，但其根源与动机却少为人所知悉。"

对数学方法论进行系统的研究，首推美国数学家和数学教育家波利亚。波利亚倡导发展学生的探索性思维能力，他在著名论著《怎样解题》中写道："因为在证明一个定理之前你得先猜测证明的思路，你必须进行观察、实验、归纳与猜想，一次又一次地尝试与探索。"波利亚曾一再地强调他个人对教师日常工作的看法，他认为学习任何一件事的最佳途径，就是亲自独立地去发现其中的奥秘；教师不但要教授学生知识，而且要让他们掌握技巧和诀窍，学习正确的心态系统工作的习惯；让学生学习猜测；让学生学习证明；留意现在手边的问题，从其中找寻一些可能对于以后解题有帮助的特征，试着去揭露潜藏在目前具体情境中的普遍形式；不要一次就透露出所有的秘诀，在教师告诉学生之前，让他们猜测，让他们尽可能地自行发现；让学生勇于发表，不要填鸭式地硬塞给学生。莱布尼茨说："发现事物的原因或提出真正的假说的艺术，就像解开密码的艺术，一个高明的猜测可以大大缩短通到发现的路径。而重新发现也是发现，数学中处处都有让人重新发现的契机。"

英国哲学家兼逻辑学家罗素认为，哲学始于有人提出一般性问题，科学亦然。问题是数学发展的源泉，人们在问题的激励下，先启动思想，提出概念与方法，然后解决问题。数学的求知活动通常就是由问题出发，然后分成两个阶段：探索的发现过程和完成后的数学。第一阶段是思想的凝练与总结，第二阶段是用逻辑整理成为严谨的系统。继阿基米德之后的数学研究几乎都只呈现后半段完成后的数学，而前半段探索发现的过程往往被抹掉了。不少数学家猜测，如果《阿基米德方法》不失传，整个数学史都会被改变。

10.1　数学发现的逻辑

英籍匈牙利裔数学哲学家和科学哲学家伊姆雷·拉卡托斯（Imre Lakatos，1922—1974），出生于匈牙利一个犹太商人家庭，原姓利普施茨。纳粹德国占领匈牙利期间，他加入了地下抵抗运动，后改姓为拉卡托斯。第二次世界大战后，他曾是 G. 卢卡奇的研究生，并加入匈牙利共产党。早年深受黑格尔哲学影响，后期被图 10-4 所示的英国科学哲学家卡尔·波普尔（Karl Popper，1902—1994）否证论的科学哲学影响，成为批判理性主义者。1944 年从德布勒森大学毕业。1954 年拉卡托斯在匈牙利科学院数学研究所任翻译工作时，将重要数学著作译成匈牙利文，这为他日后在数学哲学领域奠定坚实基础。1956 年匈牙利事件发生后，他辗转逃亡至英国。在洛克菲勒基金会的赞助下，他前往英国剑桥皇家学院开始其学术生涯。1960 年至伦敦经济学院任教，自此成为卡尔·波普尔的学生与同事。1961 年，拉卡托斯获剑桥大学哲学博士学位。1968 年，拉卡托斯发表了论文《批判与科学研究纲领方法论》。1974 年，拉卡托斯突然病逝。他死后，主要学术著作由他人整理成《哲学论文集》并出版，第一卷名为《科学研究纲领方法论》，第二卷名为《数学、科学和认识论》。《数学、科学和认识论》的主要内容包括无穷回归和数学基础、经验论在最近数学哲学中的复兴、柯西与连续统、分析综合的方法、评价科学理论的问题、克尼阿勒和波普尔、归纳逻辑问题中的变化、关于波普尔的编史学、反常与判决性实验、理解图尔敏、科学哲学的教学、数学证明以及科学的社会责任等。

拉卡托斯从方法论认识到科学与数学的差异：科学的内容是对真实世界的反映，发展出的理论或知识必定有所不全之处。因为真实的复杂世界，不可能以人类的角度被完全理解，所以必定有可否证性与可批判性；数学的内容则是纯理念的抽象符号，在数学理论的发展过程中，常常附加重重条件限制，使其具有严密的数学逻辑性，使数学公理的可否证性与可批判性大为降低。拉卡托斯研究科学哲学并提出口号：没有科学史的科学哲学是空洞的科学哲学；而没有科学哲学的科学史是盲目的科学史。他认为，在发展科学研究纲领的时候，不能忘记所依据的资料是科学史，不能无中生有。

拉卡托斯不同意卡尔·波普尔和实证主义者所认为的"数学和逻辑具有不可错的必然性"，他认为卡尔·波普尔的否证论只是一种"朴素否证论"或"教条否证论"。其最大的错误在于科学理论并不是一旦为经验所否证，就立刻遭到抛弃，经验的反驳并不能淘汰一个理论。拉卡托斯提出一种具有内在整体性结构的科学研究纲领方法论。他把波普尔的证伪理论运用于数学哲学之中。他认为反驳在数学中起决定性作用，猜想的提出不能保证没有反例出现，数学发展的过程是一个以更深刻、更全面、更复杂的猜想代替原有较朴素猜想的过程。他认为数学没有必然性的基础，数学公理的真理性也难以保证。他认为任何理论都不是孤立存在的，而是具有一系列相互关联、具有严密内在结构的理论系统。他提出"精致否证论"，主张以理论系列或科学研究纲领取代理论。他指出数学的产生是出于人们的社会实践，数学既不是理性的也不是经验的，而是"拟经验的理论"。数学在本质上只是一种具有演绎结构的公理化系统，不能用经验事实加以论证。数学公理只是一种约定或猜想，本身不具有价值。

图 10-4　卡尔·波普尔

1963 年，数学方法论领域的名著《证明与反驳：数学发现的逻辑》首次发表。这是拉卡托斯完成的一部探索数学史上新发现产生过程的经典著作。该书的主要内容包括拉卡托斯用 5 年时间收集的典型数学案例，以及 1961 年，在剑桥大学所撰博士论文的部分内容。在书中他尽管拉卡托斯给出了一些寻找猜想的证明和反例的基本规则，但启发式的概念并未得到很好的发展。这本书被写成一系列苏格拉底式的对话，涉及一群学生通过辩论与证明重建欧拉多面体公式的过程。著作的一个中心主题是定义不是刻在石头上，而是常常必须根据后来的见识进行修补，尤其是失败的证明。这些观点使数学带有实验性。在介绍的最后，拉卡托斯解释说，他的目的是挑战数学的形式主义，发展出一种基于"证据和反驳"的实际调查方法。在附录Ⅰ中，拉卡托斯列表总结了此方法，具体如下。

（1）原始猜想。

（2）证明（粗略的思想实验或论证，将原始猜想分解为子猜想）。

（3）出现了"全局"反例（原始猜想的反例）。

（4）重新检查证据：发现全局反例为"本地"反例的"有罪引理"。这个有罪的引理以前可能一直被"隐藏"，或者可能被误认了。现在将其明确化，并作为条件内置到原始猜想中。该定理（改进的猜想）将原始的猜想替换为新的证明生成的概念，并将其作为最重要的新功能。

拉卡托斯继续给出了可能会发生的情况，具体如下。

（5）检查其他定理的证明，查看其中是否出现了新引理或新生成的概念。

（6）最初的和现在被驳回的猜想迄今所接受的后果都得到了检验。

（7）反例变成了新例。

拉卡托斯试图建立的是"没有定理的非正式数学是最终的也是完美的"。也就是说，我们不应该认为一个定理最终是正确的，而只能认为反例尚未被发现。找到反例后，定理将会被合理调整，可能会扩展其有效性的范围。通过证明和反驳的过程，我们的知识将不断积累。他认为数学思想实验是发现数学猜想和证明的有效方法，有时也称他的哲学为"准经验主义"。拉卡托斯的数学发现逻辑是波利亚数学启发法与波普尔批判哲学的有机结合。与波利亚相比，拉卡托斯更强调批判的方法对数学研究的重要性。与此同时，拉卡托斯明确表达了对归纳法的否定。

10.2 数学抽象的方法

哲学中的抽象化是指认知个体内普遍性质概念形成及形成其性质概念准则的过程。抽象与概括是数学思想方法的最基本内容之一。抽象是认识事物本质、掌握事物内在规律的方法。抽象是指在认识事物的过程中舍弃那些个别的偶然的非本质属性，抽取普通的必然的本质属性，形成科学概念，从而掌握事物的本质和规律。抽象可以理解为一种在具体事物的多种性质中舍弃一些性质，而固定另一些性质的思维活动。抽象对于数学知识的学习以及认识现实世界有重要的意义。抽象能力可以整合纷杂的特殊经验，使其对学习者产生意义，促进他们心智的成熟。数学抽象是指通过对数量关系与空间形式的抽象，得到数学研究对象的素养。其主要包括从数量与数量关系、图形与图形关系中抽象出数学概念及概念之间的关系，从事物的具体背景中抽象出一般规律和结构，并用数学语言予以表征。高度的抽象必然有高度的概括。概括是在认识事物的过程中，把所研究各部分事物得到的一般的、本质的属性联络起来，整理推广到同类的全体事物，从而形成这类事物的普遍概念。数学思想的一个重要特点是高度的概括性，不同的数学知识可以体现同一种数学思想。

在思维的过程中，抽象过程是通过一系列的比较和区分、舍弃和抽取的思维操作实现的。数学抽象具有无物质性和层次性，数学抽象的过程需要用到分析和直觉。数学抽象除了包括概念抽象外，还包括方法的抽象。任何抽象都是依赖于所研究的物件的性质、特点和研究它的目的。理想化抽象指从数学研究角度出发，构造出的理想化的概念。没有大小的点、没有宽度的线、没有厚度的面等几何概念都是理想化抽象的结果。平面几何中已经证明任意三角形三个角的平分线交于一点，但真实世界的经验告诉我们，无论绘图员多么细心，无论采用多么精确的工具，他所画图形中的三条角分线也只是近似地相交。理性化的抽象已从空间经验推进到整个数学世界。亚里士多德曾这样描述这个过程："数学家舍去一切感性的东西，如质量、硬度与热，只留下量和空间连续性。"公理化抽象指处于逻辑的需要建立出公式。可实现性抽象是指将现实世界中难以实现的物件成为可能，比如，极限和无穷小等。存在性抽象是人类思维能动性的一种重要表现形式，有时可以假设一个原先认为不存在的"对象"的存在性，也即引进所谓的"理想元素"，并由此而发展起一定的数学理论。例如，虚数单位 i 以及无穷远点的引进。

数学模式是多次弱抽象和强抽象相互作用的结果。从思维形式的角度看，弱抽象和强抽象是在相反的方向上进行的，一个是从特殊到一般，另一个是从一般到特殊。弱抽象又称为概念扩张式抽象，即特征分离概括化法则，指的是由原型中选取某一个特征或者侧面加以抽象，从而形成比原型更加一般的概念和理论。由现实原型出发去构造相应的数学模式，就是一个弱抽象的过程。强抽象即关系定性特征化法则，是指通过把一些新的特征加入某一概念而形成的新概念的抽象过程。人们可以通过引入新特征强化原型获得更为特殊的模式，这种特征往往是通过在原型中引入新的关系来确定的。强抽象能使理论模式更贴近实际。数学科学中许多内涵丰富而深刻的量化模式，正是运用强抽象法则所获得的形式结构。举例来说，连续函数类是一个较为一般的函数类，在这样一个类上并不能建立微分学，因此不能作为对力学和物理学有用的数学工具，这是由于连续函数是一种外延较大而内涵较小的概念。但是，如果引入因变量与自变量间的增量比概念以及差商极限存在性概念，并以此作为对函数属性刻画的进一步定性特征，则就等于通过强抽象法则使连续函数概念提升成为可微函数概念。可微函数类是连续函数类的一个子类，具有更丰富的内涵，在其上可建立深入而有重大应用价值的微分学和微分方程式理论。

徐利治教授首次提出数学抽象度概念与抽象度分析法，使其成为数学真理性与抽象性研究的新途径。抽象度分析法是促进学生知识迁移，加强数学思想方法教学的重要手段。科学中的一切概念都是抽象过程的产物，都有不同程度的抽象性。数学是运用抽象分析方法研究事物关系结构的量化模式的科学。数学中的许多概念的抽象性更是明显地经过一系列阶段而产生的。数学模式之间有不同的抽象层次之分，因此有不同的抽象性与具体性程度之分。如果把较具体的一类模式看成具有较高抽象度的模式的具体原型，那么这类具体原型的存在性就可以作为对高抽象度模式真理性的保证。

数学的抽象性与应用性是相辅相成的。中国古代数学没有足够的抽象性和逻辑性，其应用性也只能停留在非常有限和低层次领域内。数学哲学、数学教育研究专家郑毓信教授进一步指出，"模式建构形式化原则"是关于数学抽象的基本准则。在纯粹的数学研究中，要弄清数学分支中各类概念的确切含义（包括其内涵及外延），则需要借助于明确的定义构造相应的量化模式，并以此为直接对象从事纯形式的研究。

抽象度分析法的基本思想是：各种数学抽象物（包括概念、定义、公理、定理、模型、推理方法、证明方法等）具有不同的抽象程度。通过引入"链""序""极小点"等概念，来刻画数学抽象物的不同演化途径。对每个数学抽象物 x 赋予三元指标相对抽象度 $d(x)$、入度 $d^-(x)$ 和出度 $d^+(x)$。三者从数量角度分别刻画了抽象物在系统中的深刻性、重要性和基本性。三元指标表示的数值越大，表明抽象物越深刻、越重要和越基本。令 $d(x) = d^+(x) + d^-(x)$，那么 $d(x)$ 就表示抽象物的"基本重要性程度"。抽象物间的关系可用一个多重有向抽象分析图来表示，这里的关系是指数学抽象思维关系：弱抽象、强抽象、广义抽象及等价抽象，分别用-、+、*、⇔来表示。从方法论角度讲，这四种数学抽象就是相对原型而言的一般化、特殊化、类比联想、归纳及探测性演绎等数学思想方法的具体应用。

应用抽象度分析法对某数学系统进行抽象度分析的一般步骤如下：

（1）给定某一数学系统的全部或部分数学抽象物的集合 M，并将 M 中的元素排成偏序集，使其中每一条链都表示为不可扩张的完全链。

（2）将偏序集画成有向图，并标明每一步的抽象性质。

（3）计算有向图中每一数学抽象物的相对抽象度、出度及入度。

（4）列出量性指标进行比较。

逐步提高抽象度是人类独有的能力，也是人类文化发展的秘密。将这个过程以纯粹的形式表现出来的就是数学。数学的认知过程是在行动本身内部进行的抽象。抽象度分析法概括了数学抽象思维的一般规律，是人类抽象思维发展过程的逻辑再现。分析抽象过程并明确抽象层次是进行抽象度分析的基础。抽象物间的关系是通过不可扩张链连接起来的，抽象度分析法就是数学思想方法的缩影。

图 10-5 所示的德国裔美国籍数学家理查德·柯朗（Richard Courant，1888—1972）指出："一个人必须牢记具体、抽象、个别和一般这些术语，在数学中没有稳定的和绝对的含义。它们主要涉及思想框架、知识状态以及数学本体的特征。例如，已被列为熟悉事物的很容易被视为具体的。"数学思想方法隐藏在数学知识体系中，数学思想方法的学习必须与数学知识的教学同步进行。

图 10-5　理查德·柯朗

10.3　数学直觉

美国著名心理学家和教育家杰罗姆·布鲁纳（Jerome Bruner，1915—2016）曾指出："直觉是一种行为，通过这种行为，人们可以不必明显地依靠其分析技巧而掌握问题或情形的意义、重要性和结构。"许多重大的发现都是基于直觉的。在浴室里，阿基米德找到了辨别王冠真假的方法；欧几里得几何学的五个公设是基于直觉；在散步的路上，哈密尔顿迸发了构造四元数的火花；德国有机化学家凯库勒发现苯分子环状结构，更是直觉思维的成功典范。莱布尼茨创造出优秀的记号，进一步通过差和分基本定理，直观地看出了微积分基本定理，他说："值得注意的是，优秀的记号帮忙我们发现真理，并以最令人惊奇的方式减轻了心灵的负荷。"自然数是语言的一部分，而语言的理解几乎是神秘地内建于人的大脑。数学中有些名词或关系，不能用更基本的数学词汇来定义或解释，所以出现了少数的未定义名词或公设，必须依靠人类从基因或是社会化中所获得的直觉。

对于数学研究来说，最根本的是创造性的东西。随着现代逻辑的发展，逻辑与非逻辑的传统界限已被打破，许多超越传统经典逻辑思维形式的逻辑类型开始在数学思考中扮演重要角色。直觉思维的非逻辑性主要体现在直觉与逻辑之间的对立方面。从思维的基本成分方面可以将数学思维分为三大类，即数学形象思维、数学逻辑思维、数学直觉思维。在认识数学规律、解决数学问题的过程中，还常常使用由其自身特点所形成的一些数学思维方法，主要有函数思维、空间思维、程序思维、整体思维和构造思维等。在数学思维活动中，数学直觉、数学悟性、数学美感、数学想象与逻辑推理一起发挥着自己特有的功能。数学直觉是运用有关知识组块和形象直感对当前问题进行敏锐的分析、推理，并能迅速发现解决问题的方向或途径的思维形式。它是一种直接反映数学对象结构关系的心智活动形式，是人脑对于数学对象事物的某种直接的领悟或洞察。

直觉在大脑功能处于最佳状态的时候出现，组成大脑皮层的优势兴奋中心，使出现的种种自然联想顺利而迅速地接通。直觉在创造活动中有着非常积极的作用，很多科学家对数学直觉给予过高度的评价。笛卡儿认为："通过直觉可以发现作为推理的起点。"亚里士多德说："直觉就是科学知识的创始性根源。"

希尔伯特说："在算术中，也像在几何中一样，我们通常都不会循着推理的链条去追溯最初的公理。相反地，特别是在开始解决一个问题时，我们往往凭借对算术符号的某种算术直觉，迅速地、不自觉地去应用并不绝对可靠的公理组合。这种算术直觉在算术中是不可缺少的，就像在几何学中不能没有直觉想象一样。"

庞加莱说："直觉是指某种与逻辑相异的东西。没有直觉，数学家就会像这样一个作家：他只是按语法写诗，但却毫无思想。"柯朗认为："直觉，这种难以捉摸，充满活力的力量，始终在创造性的数学中起作用，甚至推动和引导最抽象的思维过程。"爱因斯坦认为："物理学家的最高使命是要得到那些普遍的基本定律，由此世界体系就能用单纯的演绎法建立起来。要通向这些定律，并没有逻辑的道路；只有通过那种以对经验的共鸣的理解为依据的直觉，才能得到这些定律。""真正可贵的因素是直觉。""我信任直觉。"莫里斯·克莱因指出："推进数学的主要是那些有卓越直觉的人，而不是以严格的证明方法见长的人。""数学发现不是依靠在逻辑上，而是依靠在正确的直觉上。正如雅克·阿达玛所指出的'严密仅仅是批准直觉的战利品'；或者如图10-6所示的赫尔曼·外尔（Hermann Weyl，1885—1955）所说的'逻辑是指导数学家保持其思想健康和强壮的卫生学。'"波利亚也曾以微妙而深刻的阐述写道："一个突然产生的展示了惊人新因素的想法，具有一种令人难忘的重要气氛，并给人以强烈的信念。这种信念常常表现为'现在我有啦！''我求出来了！''原来是这一招！'等惊叹。"

图10-6　赫尔曼·外尔

图 10-7 所示的印度数学家斯里尼瓦瑟·拉马努金（Srinivasa Ramanujan，1887—1920）正是一位有着卓越数学直觉的天才。他未受过正规高等数学教育，惯以直觉推导公式，热衷于数论。他的诸多理论由后人提出证明，留下的公式引发大量的研究。拉马努金在他传奇的一生中猜测了许多公式并记录在笔记本中。拉马努金猜测的公式中的大部分至今未能得到证明。后人为了研究这些公式，整理了他的笔记本并出版。从出版的笔记本中，我们可以了解拉马努金也曾被幻方所吸引。幻方是由自然数 $1 \sim n^2$ 组成的 n 阶方阵，其每行每列以及两条对角线元素之和均为常数，该常数被称为幻和。拉马努金在其笔记本的早期部分给出了一些幻方，其中包括一个 8 阶幻方。如同其猜测的其他许多公式一样，拉马努金在笔记本中未给出这个幻方的构造方法。图 10-8 所示的英国数学家戈弗雷·哈罗德·哈代（Godfrey Harold Hardy，1877—1947）注意到拉马努金在定理中所展现的天赋。哈代在数学界外较为人所知的是，他在 1940 年关于数学之美的随笔《一个数学家的辩白》。书中包括了他对纯数学和应用数学的看法，经常被认为是写给外行人的著作中，对于一位在工作中的数学家心灵最好的见解。从 1914 年开始，哈代成为印度数学家斯里尼瓦瑟·拉马努金的导师，之后两人成为亲密的合作者。哈代称他们之间的合作关系为"我人生中的一个浪漫的意外"。哈代评论拉马努金的公式时说："只要看它们一眼就知道只有一流的数学家才能写下它们。它们肯定是真的，因为如果不是真的，没人能有足够的想象力来发明它们。"

图 10-7　斯里尼瓦瑟·拉马努金

图 10-8　戈弗雷·哈罗德·哈代

在数学上，有洞察力和能推导出具体证明是截然不同的。拉马努金天才地提出了大量的公式和许多恒等式，开启了新的研究方向。哈代教会了拉马努金证明和严格性，并保证他的创造性的思想之源畅通。哈代在一次采访中称自己对数学最伟大的贡献是发现了拉马努金，并称拉马努金的天赋至少相当于数学巨人欧拉和雅可比。哈代这样评论拉马努金："他知识不足的程度跟知识的深厚都让人很吃惊。他是能够发现模方程和定理的人，他对连分数的掌握超出了世界上任何一个数学家，他自己发现了黎曼 ζ 函数的泛函方程和解析数论中的很多著名问题中级数的主要项；但他却没有听说过双周期函数或者柯西定理，对复变函数只有非常模糊的概念。"

当普朗克提出能量子假说以后，物理学就出现了问题，究竟是通过修改来维护经典物理理论，还是另创新的量子物理？爱因斯坦凭借他非凡的直觉能力，选择了一条革命的道路，创立"光量子假说"。1925 年，图 10-9 所示的法国数学家雅克·阿达玛（Jacques Hadamard，1865—1963）在意大利那不勒斯举行的国际哲学大会上发表演讲时说，他曾与相对论擦肩而过。在爱因斯坦之前，阿达玛曾试图从数学的角度来看相对论。但是，他做了一段时间后认为这条路可能走不通，当时他就放弃了。他回过头来看，当时如果他坚持在方法上有所改进，那就有可能前进。阿达玛强调，既要重视推理的严格性，也要重视直觉，直觉能帮助人们发现问题和选择问题。他说为什么会和相对论擦肩而过，就是没有把握这些。对于研究工作来说，观点思想非常重要，这决定了你能不能成功。

图 10-9　雅克·阿达玛

在数学里，严谨化是对起始时想法的核实与精炼，可以避免直觉可能带来的错误或遗漏。但正如数学家亨利·勒贝格说过的："严谨化与逻辑化可以帮助我们否定猜想和假设，但是它不能创造任何猜想和假设。"数学的核心思想恰恰来源于直观思维，严谨化并不能对这些数学思想产生质的改观，它起到的作用只是巩固和对这些思想去伪存真。直觉不是无缘无故的凭空臆想，而是基于对研究对象整体的把握。直觉是一种以神经逻辑为基础的行为，是一种经验积累以后的快速反应，并以扎实的知识作为基础。数学直觉思维的主要特性有非逻辑性、自发性和无意识性。直觉思维的非逻辑性，主要体现于直觉与逻辑以及抽象思维之间的对立。

庞加莱与希尔伯特是 20 世纪初期少数了解数学全局的人，而不是一两个特殊领域。庞加莱具有高度的几何直观，他并不想花很多时间写出严谨的证明。数学直觉思维呈现在人们头脑之中的是一幅综合的整体性图像，尽管某些细节是模糊不清的，但它并非是不可靠的。哈密尔顿在回忆发现四元数经过时说，当他和妻子在步行去柏林的途中来到勃洛翰桥上时，思想中的"电路"突然接通了。他将复数系看成所有形如 $a1 + bi$ 的数，其中 a 和 b 必须是实数，而 1 和 i 是两个需要描述特殊乘法规则的生成元。庞卡莱是最早把人的无意识活动与直觉思维联系起来的研究者之一。庞卡莱所提出的"观念原子"，也属于直觉这种类型。他把数学家头脑中的思想和观念，形象地比作带钩的原子。这些观念原子平时挂在墙上，处于静止状态。思维机器一旦启动，成群结队的观念原子便在空中翩翩起舞。它们之间乘机相互碰撞、相互渗透、相互兼并，又可重新结合而成为新的观念原子。这些新的观念原子通过审美选择，即可进一步构成数学上的新思想、新概念与新方法。庞卡莱说，他在数学发现中所遇到的那种"顿悟"，常常是发生在"经过一种长久的自觉工作"之后。他在进行数学难题的求解时，经过一段时间的沉思，如果没有进展，就休息一下，然后再继续工作，这时往往会有重要的新思路突然发生。他认为在休息时刻，这种无意识活动仍在继续进行，休息之后，让自觉工作一刺激，马上即可将休息时刻所获得的但尚未进入意识的思维结果推动出来，成为自觉的活动。

直觉思维具有自由性、灵活性、自发性和偶然性。亚里士多德认为，直觉是照亮黑暗的灯塔。然而，在黑暗中的大多数时间，它也像一个探照灯指向错误的方向。庞加莱认识到，人们的直觉可能有误导性。他把伟大的数学家分为两类，一类是遵循逻辑但不能"观察空间"的分析家，另一类是遵循直觉的几何学家。庞加莱认为，逻辑是证明的工具，只有它才能给出确定性；直觉是发明的工具。大卫·希尔伯特扩展了弗雷格和罗素的工作，提出了著名的希尔伯特方案，即数学的任何分支都可以被重新表述为一种形式理论，他提出以下三个问题是否存在正解：一个形式理论，其中的公理不能产生矛盾，它的一致性能否在理论本身内得到证明？形式理论能被证明是完备的吗？是否存在一个纯粹的机械过程，来判定任何给定的数学命题的真假？

希尔伯特期望他所有问题的答案都是肯定的，这将完全消除直觉的必要性。希尔伯特认为，通过从一组一致的公理开始，一个形式理论可以是完整的，自我验证的。因为一个正式的理论不应该被人类解释，而应该被机械地证明，所以它被称为一个正式的系统。将这种系统称为正式，意味着以前对同一主题的处理是非正式的。关于欧几里得几何形式理论，希尔伯特曾经说过，与其谈论点、线、面，还不如谈论桌子、椅子和酒杯。

罗素认为数学是毫无意义的符号游戏，而希尔伯特则希望游戏本身能发挥作用，但希伯特在这方面被自己的直觉误导了。在实际研究工作中，直觉思维受其审美观的影响，也会产生误导。在长达 7 年的时间里，图 10-10 所示的美国普林斯顿大学教授安德鲁·怀尔斯（Andrew Wiles，1953—　）致力于研究谷山-志村猜想与费马最后定理。费马最后定理：若 $n > 2$，则方程式 $x^n + y^n = z^n$ 没有正整数解。费马在阅读丢番图的《算术》时，喜欢在页边空白处写一些简要的注记。卷 2 中的丢番图问题 8 是：给定一个平方数，将其写成其他两个平方数之和。旁边空白处费马写道："另一方面，不可能将一个立方数写成两个立方数之和，或者将一个四次幂写成两个四次幂之和。一般地，对于任何一个数，其幂大于 2，就不可能写成同次幂的另外两个数之和。对此命题我得到了一个真正奇妙的证明，可惜空白太小无法写下来。"这句话让后世数学家忙碌了 300 多年。第一位得到证明的人必定留名青史。1993 年 6 月，怀尔斯在英国剑桥演讲时，宣称他证明了悬案 350 多年的费马最后定理。在审美直觉的引导下，他过分偏爱欧拉系，导致在构造方面存在严重漏洞。之后，他开始了地狱般的一年，在世界数学家的瞩目之下，艰难地修补漏洞。最后，他另辟蹊径，给出关于 Hecke 代数性质某些假设，才得以圆满完成自己的证明。怀尔斯于 1997 年和 2016 年分获沃尔夫奖及阿贝尔奖。自 2011 年起，怀尔斯成为任职于牛津大学的英国皇家学会研究教授。

图 10-10　安德鲁·怀尔斯

拓展性习题

试述数学的伪应用与数学偏见。

第 11 章 | 数学基础主义三大流派

　　莱布尼茨说过："没有数学，我们就无法深刻洞察哲学。没有哲学，我们就无法深刻洞察数学。没有两者，我们就无法深刻洞察任何事情。"现代哲学的开端很大程度上，同样起源于数学或对数学的关注。西方哲学的显著特点之一，就是它们与数学有着非同寻常的关系。在相当长的一段时期内，数学一直被认为是真理。从笛卡儿开始，知识确定的基础来自主观认知的诉求，并将主观认知下的清晰与明了当作真理的标准。笛卡儿的哲学风格一直延续至康德，甚至决定了现代哲学的风格。德国哲学家、古典哲学创始人伊曼努尔·康德（Immanuel Kant，1724—1804）在经典著作《纯粹理性批判》中的中心议题之一，就是讨论数学知识是如何可能的。康德统整了早期的现代理性论与经验论，为 19 世纪与 20 世纪的哲学设定了基调。康德为了寻求既是先天必然的，又对经验世界起作用的知识，提出了"先天综合判断"。康德并不认为所有综合命题都是后天的，一些先天的综合命题就是"先天综合判断"。纯粹理性的总任务是要解决"先天的综合判断"如何可能的问题。他将先天综合判断分为 3 类：数学判断、自然科学判断和形而上学判断。并按这总问题细分了 3 个问题：纯粹数学如何可能？纯粹自然科学如何可能？形而上学作为科学如何可能？他提出了先验主义的认识论，并把"数学真理的存在"作为其哲学的中心支柱。

　　强调个人主义与主观诉求的知识标准，不但形成了现代哲学的主要特色，也为科学的发展提供理解的基础。图 11-1 所示的美国著名的数学史专家霍华德·伊夫斯（Howard Eves）说："数学哲学本质上就是一种尝试的再构造，是对历史积累的无秩序的数学知识给予一定意义。"莫里斯·克莱因说道："在各种哲学系统纷纷瓦解、神学上的信念受人怀疑以及伦理道德变化无常的情况下，数学是唯一被大家公认的真理体系。数学知识是确定无疑的，它给人们在沼泽地上提供了一个稳妥的立足点。"

图 11-1 伊曼努尔·康德

在《纯粹理性批判》中，康德用理性来审视世界。康德认为，数学和物理学这两门科学是"先天地规定自己的客体"，他分别论述了数学和物理学的发展历程。康德认为数学和物理学不是轻而易举地就踏上了康庄大道，它们在发展的过程中曾经长期停滞，直到某个时候才实现了跳跃。与其他科学的理论一样，数学哲学也有一个历史发展进程。1901年，罗素给出了简单明了的集合论悖论，挑起了关于数学基础的新的争论，引发了第三次数学危机。20 世纪的数学潮流从根本来说，出现两个重要转向：第一是与科学传统的分离，纯数学研究几乎垄断了数学的解释权；第二是形式与逻辑的严格化取向。20 世纪初期的基础学派之争，其实是顶尖数学家的内部反省运动。当时，参与数学基础论战的都是优秀的数学家，他们为 20 世纪数学发展推波助澜。著名的美国实用主义哲学家、逻辑学家查尔斯·桑德斯·皮尔斯（Charles Sanders Peirce，1839—1914）认为，数学有两个不为人知的特色：第一，数学不同于所有其他的科学，所有其他的科学都可能因为它所研究的对象的消失而消失，但纯粹的数学没有这个问题，因为它不研究任何实质的对象。第二，数学完全不需要诉诸哪一种逻辑。数学所需要的是最自然的推理能力，数学是一种纯粹思考的产物。数学所应用的推理能力，基本上是一个天生的能力，也是一种因人而异的能力。早期的数学哲学作为一般哲学，特别是科学哲学的一个部分得以发展。从毕达哥拉斯到康德的众多思想家都有许多数学哲学的重要思想，直到 19 世纪中叶，数学哲学作为一门独立的学科逐步形成。数学哲学关注的主要问题是如何为数学奠定可靠的基础。具体来看主要包括：数学的对象、性质、特点、地位与作用，数学新分支、新课题提出的哲学意义，数学大师与数学流派的数学与哲学思想，数学方法与数学基础，等等。其中，关于数学基础的研究主要涉及：数学基础主义三大流派，悖论的排除及彻底解决的可能性，探讨数学研究对象是否为客观的真实存在，以及数学的真理性等。

数学基础主义三大流派主要形成于 1900—1930 年这 30 年间，各派的工作都促进了数学学科的发展。1890—1940 年，是数学哲学研究的黄金时代。美国著名数学教育家伦伯格指出："2 000 多年来，数学一直被认为是与人类的活动和价值观念无关的无可怀疑的真理的集合。这一观念现在遭到了越来越多的数学哲学家的挑战，他们认为，数学是可错的、变化的，并和其他知识一样都是人类创造性的产物。这种动态的数学观具有重要的教育含义。"图 11-2 所示的弗里德里希·戈特洛布·弗雷格（Friedrich Gottlob Frege，1848—

1925）、罗素和图 11-3 所示的布劳威尔（Brouwer，1881—1966）和希尔伯特等人围绕数学基础问题进行了系统和深入的研究，发展出具有广泛和深远影响的数学哲学观。此后，围绕数学基础之争，现代数学史上著名的逻辑主义、直觉主义和形式主义三大数学流派形成了。

图 11-2　弗里德里希·戈特洛布·弗雷格

图 11-3　布劳威尔

11.1　逻辑主义的基本思想及其评论

　　作为数学基础研究的三大流派之一，逻辑主义的发展对数理逻辑的创建以及分析哲学的产生和发展起着关键作用。逻辑主义认为。一切数学皆可视为逻辑的原型，数学是逻辑的延伸。逻辑的职责是清晰地表达并且证明某些真的一般陈述和逻辑法则。德国数学家、逻辑学家和哲学家弗里德里希·戈特洛布·弗雷格是逻辑主义的创始者。1848 年 11 月 8 日，弗雷格生于德国维斯玛。他在维斯玛读完小学、中学和大学预科。从 1869 年起，弗雷格在耶拿与哥廷根攻读数学、物理学、化学与哲学。1873 年，他凭借论文《论在平面上对想象图像的几何描述》获得哥廷根大学哲学博士学位。从 1874 年起，弗雷格在耶拿大学数学系执教 44 年。弗雷格是分析哲学、语言哲学和现代数理逻辑的开创人。他为数学基础研究而发明的逻辑系统，是现代数理逻辑的开端。整个 20 世纪分析哲学传统的核心议题，在很大程度上也是由弗雷格制订的。在弗雷格的时代，心理主义盛行，很多哲学家认为逻辑规律不外是心理规律，他们把心理学作为逻辑的基础。他们主张逻辑法则不过是人的心理法则，逻辑法则应该由对心理学的经验科学研究来考察。弗雷格反对心理主义，主张逻辑不追究主体实际怎么思考，而追究客观的命题关系与思维秩序。弗雷格的哲学计划被称为逻辑主义。

　　在逻辑史上，弗雷格首次提供了一个完全的真值函项的命题演算；首次系统阐述了涉及多重量词概括的推理形式；首次用函项主目的概念取代了传统命题的主谓式的描述模式；首次阐述了由句法标准确立推理正确性的形式系统；首次为获得清晰的定义而在归纳还原中使用了具有数学重要性的高阶逻辑。此外，他首次论证了一个充分严格的数学证明只能使用那些明确的形式阐述的规则，即句法上详细指明的公理和推理规则。弗雷格早期的主要著作是1879年出版的《概念文字：一种模仿算术语言构造的纯思维的形式语言》。在这部著作中，他提出了一套新的逻辑概念，包括"全称量词""条件命题"和"同一"等。逻辑法则是一般的，这种一般性并不在于它与任何对象无关（特别是它与形式无关），而在于它使用最一般而普遍的词汇，表达了对任何事物都为真的命题。弗雷格利用这些概念改进了逻辑系统，并在这本书中比照数学里的函数提出了命题的函式理论。

弗雷格坚信，数学是建立在逻辑基础之上的，所有数学知识可以公理化，并寻求一套公理系统可以囊括所有已知数学公式，他坚信数学可以划归为逻辑，所以被称为逻辑主义。图11-4所示的伯特兰·罗素、阿弗烈·诺夫·怀特海和埃德蒙德·古斯塔夫·阿尔布雷希特·胡塞尔（Edmund Gustav Albrecht Husserl，1859—1938）在该理论提出后都表示支持。罗素说："逻辑是关于真实世界的，这与动物学是关于真实世界是一样的，只是它更加的抽象和更具一般化特征。""逻辑是数学的青年时代，数学是逻辑的壮年时代，青年与壮年没有截然的分界线，数学与逻辑亦然。"罗素后来对逻辑主义也持怀疑态度，他自己的体系假定了"至少有一个个体"，而他认为这个假定破坏了纯逻辑的纯粹味道而和现实世界打交道了。这样，罗素就更不愿意承认"存在无穷多个个体"是逻辑了。从逻辑推出数学，需要无穷公理和选择公理这两条公理。胡塞尔出版《算术哲学》第一卷后，弗雷格写下了书评。他批评了书中的心理主义倾向，这对胡塞尔本人转向反心理主义立场大概有重要的作用。当时著名的逻辑学家皮亚诺也曾受益于弗雷格的批评。

从数学史的角度看，将算术化约为逻辑的一个重要动机来自分析领域。其中包括德国数学家魏尔斯特拉斯和戴德金等人对分析基础的研究。弗雷格在第二部巨著《算术基础》的序言中写道："始终要把心理的东西和逻辑的东西、主观的东西和客观的东西严格区别开来。"他认为语言的含义就是命题的含义，语言所交流表达的东西是客观的，认为心理这种主观、虚无的东西和逻辑无关。在此基础之上，弗雷格建立了数理逻辑的基础——形式化系统。在《算术基础》中弗雷格批评了几种错误的分析，包括认为数词是形容词，表达具体事物的属性，或者认为数词"3"是指称任何一个每3个为1组的事物，或者认为数词指称我们的主观的观念，等等。然后，弗雷格提出了他自己的分析。他认为，一个包含数词的简单陈述是对一个概念作一个论断。《算术哲学》的主要成果之一是，他对各个自然数的定义，以及对"自然数"这个一般概念的定义。在书中弗雷格先提出一个不成功的定义，然后才提出他的真正的定义。这些讨论曾导致一系列解释学上的问题。弗雷格的逻辑系统中，除了"并非""而且""或者""如果……那么""当且仅当"等这些命题联结词，以及"对所有""存在"这些量词之外，还用到了"概念""对象""外延"这些初始概念。他在《算术基础》中还提到了来自分析领域的挑战："对函数、连续性、极限、无穷这些概念有更精确地加以界定的必要。对早已被科学所接受的负数和无理数的可靠性必须作更仔细的考察。""沿着这些道路，我们必然会逐渐遇到构成整个算术基础的数的概念，以及适用于正整数的最简单的命题。"《算术基础》一书为弗雷格在数学基础研究中的逻辑主义的方案奠定了基础。逻辑是普遍真和必然真的，也就是所谓的重言式。按照弗雷格的观点，逻辑不研究自然规律，而是研究自然规律的规律。

图 11-4　埃德蒙德·古斯塔夫·阿尔布雷希特·胡塞尔

弗雷格认为，思想不是主体的东西，不是我们心灵活动的创造物；因为我们从毕达哥拉斯定理得到的思想对于所有人都是相同的。它的真完全不依赖于这个人或那个人考虑它还是不考虑它，不应该将思想行为看作创造思想的过程，而应看作理解思想的过程。如果假设句子是被证明的东西，那么定义可能至关重要，但是要将思想看作要被证明的东西，那么定义就不重要。数学允许我们超越直觉来揭开它的神秘面纱。弗雷格相信一切事物的基础是逻辑推理和不言自明的少数公理。弗雷格的下一部主要著作《算术基本定律》是一部完整的逻辑哲学著作。《算术基本定律》于 1893 年出版了第一卷，1903 年出版了第二卷，计划中的第三卷未出版。在《算术基本定律》中，弗雷格尝试用集合概念来定义数，并自认为这一任务已大致完成。然而就在这时候，他收到了罗素的一封信，其中的主要内容是所谓的"罗素悖论"，这一悖论对弗雷格的整个事业是毁灭性打击。用弗雷格自己的话来说就是，"在工作已经结束时，自己建造的大厦的一块主要基石却动摇了，对于一个科学家来说，没有比这更让人沮丧了。"逻辑主义并不看中完备，它强调的是没有任何矛盾或者悖论。弗雷格在伯特兰·罗素提出罗素悖论后放弃了产生矛盾的朴素集合论。罗素和怀特海将此有关概念著于《数学原理》中。《数学原理》是化数学为逻辑这项努力的登峰之作。在《数学原理》中，为了避免悖论，罗素把集合论重新建立在分支类型论的基础上。原始对象或个体属于 0 型，个体的性质属于 1 型，个体的性质的性质属于 2 型，等等。这样，任何性质都必须属于这些逻辑类型之一。$a \in A$ 中的对象和性质被严格分层，从而不在同一层。"自己属于自己"和"自己不属于自己"被杜绝，从而消除了悖论。但是，从分支类型论推不出全部数学，对数学归纳法和实数论的推导都有问题。因此，罗素又以可划归公理为依据，但可划归公理与罗素体系的前提"恶性循环原则"相冲突。可划归公理指在已知的型内对每个非直谓的定义都有一个等价的直谓的定义。而根据恶性循环原则，如果一个公式中出现 n 级约束变元，则该公式必须假定了 n 级谓词的全体，从而该谓词不能再作为 n 级，而至少作为 $n+1$ 级。

在弗雷格的时代，对象层次和元对象层次并没有清楚的区别。弗雷格很少谈到判断形式。许多传统的逻辑学家把逻辑看作关于判断形式的，而逻辑形式是通过抽象从判断中得到的。直到 1920 年这一问题才变得清楚起来。1902 年，在《算术基本定律》第二卷即将出版时候，罗素致信弗雷格，说他发现了著名的罗素悖论。对于这个悖论的简单表述用到了"类"这个概念，即令 z 为所有不属于自身的类组成的类，则 z 属于 z，当且仅当 z 是不属于自身的类。这是一个矛盾。弗雷格来不及在《算术基本定律》中考虑如何回避罗素悖论，只能在附录中回应罗素悖论。他认识到矛盾产生于基本定律，因此提出了一个修改基本定律以回避罗素悖论的建议。但是后来，弗雷格自己放弃了修正系统的尝试，他最终放弃了算术可以归结为逻辑因而是分析真理这个信念。

弗雷格是现代数理逻辑的开创者，是自亚里士多德以来最伟大的逻辑学家。弗雷格的算术哲学思想包括他对"数"这个概念的分析，对"自然数"的定义，以及从他的逻辑系统到相当于皮亚诺公理的关于自然数的定理的推导。弗雷格坚持认为，自然数是对象而不是概念。弗雷格试图用纯逻辑的概念来定义数学概念，并从逻辑公理推导出数学定理，因此将数学还原为逻辑，从而为数学奠定更牢固的基础，并将有关数学的本体论与认识论问题等哲学问题，归结为关于逻辑的哲学问题。后来，越来越多的困难和疑点促使人们不断质疑这项工作的可行性。弗雷格所认为的，并用来还原算术的逻辑公理中包含着矛盾，即所谓的罗素悖论。弗雷格和罗素等人后来都放弃了逻辑主义的立场。

11.2 直觉主义的基本思想及其评论

直觉是不经过有意识的推理、直接作出判断或产生信念的能力。在数学哲学和逻辑中，直觉主义是用人类的构造性思维活动进行数学研究的方法。康德式数学直觉不指向独立于心灵的外部数学对象，也不直接提供关于数学的直觉信念，而是心灵的一种主动塑造能力，为数学推理这种心灵活动提供条件和限制。数学知识本质上是一种自我知识，虽然它对一切可能的经验对象普遍有效。康德式数学直觉包含或预设一种深刻的算术几何二分法。美籍荷兰数学家和哲学家布劳威尔是数学直觉主义流派的创始人和代表人物，在拓扑学、集合论、测度论和复分析领域有很多贡献。布劳威尔等直觉主义者继承了康德的主观主义，但抛弃了算术几何二分法。布劳威尔与康德一样，认为数学定理是先天综合真理。布劳威尔拒绝一切与实无穷有关的东西，认为自然数序列是潜在的无穷，它总在增长但永远不能完结。只有懂得它的构造规律，人们才能理解它。布劳威尔的早期兴趣主要在于拓扑学和数学基础上。他的工作包括以他名字命名的布劳威尔不动点定理，以及关于拓扑维数不变性的证明。布劳威尔不动点定理是代数拓扑的早期成就，还是更多更一般的不动点定理的基础，在泛函分析中尤其重要。

布劳威尔很早就显露出与众不同的才华，高中毕业仅两年，他就掌握了进入大学预科所必须的希腊文和拉丁文；16 岁进入阿姆斯特丹大学学习物理学，并很快就掌握了当时讲授的各门数学；1904 年获得硕士学位，1907 年凭借论文《论数学基础》获得博士学位。攻读博士学位时，布劳威尔对罗素与庞加莱关于数学逻辑基础的论战特别关注。1908 年，布劳威尔完成论文《关于逻辑原理的不可靠性》，这篇论文认为运用"排中律"的数学证明是不合理的。布劳威尔等直觉主义者认为承认排中律实际上就是承认对每个数学命题都能够证明其真或证明其假。显然，这是不可能做到的。1909 年，布劳威尔在阿姆斯特丹大学当无薪讲师——学生自愿听课，教师的报酬直接来自受指导的学生。1912 年，希尔伯特为布劳威尔推荐了阿姆斯特丹大学教授职位。在阿姆斯特丹大学的数学教授就职演说上，布劳威尔进一步探讨了他认为与这个"排中律"有关的问题。同年，由于在拓扑学等方面的杰出成果，31 岁的布劳威尔成为荷兰皇家科学院院士。在此时期，他的研究兴趣主要在数学基础和哲学方面。他特别关心集合的原始地位及排中律的作用、建立构造主义的数学体系、可构造连续统、集合论的构造基础、构造的测度论以及构造的函数论等。他认为建立在数学排中律上的证明，只是"所谓的证明"。布劳威尔提出的直觉主义可以被视为构造主义的一种变形，坚持"数学对象必须可以构造"的观点。布劳威尔的思想受到希尔伯特的强烈反对。1919 年，布劳威尔发表《直觉主义的集合论》，指出他早期的拓扑学研究从直觉主义观点来看是不正确的。1920 年，布劳威尔声称："将排中律用作数学证明的一部分，是不允许的。它只具有学理和启发的价值，那些在证明中不可避免使用这个定律是缺乏数学内涵的"。后来，希尔伯特回应道："把排中律排除在数学之外，就像禁止天文学家使用望远镜和拳击家使用拳头一样。"1928 年，由于希尔伯特的巨大影响力，导致直觉主义数学学派的旗手布劳威尔被排挤出德国《数学年刊》编委的位置。

直觉主义认为集合悖论的出现不可能通过对已有数学作局部的修改和限制加以解决，必须对数学重新进行全面的审视与改造。布劳威尔的直觉主义与逻辑主义几乎同一时间出现。作为直觉主义的开创者，布劳威尔强调数学直觉，坚持数学对象必须可以构造。他认为自然数是数学的基础，并提出一个著名的口号：存在即是被构造。他赞赏康德将数学看作先天直观、纯粹直观的观点，并认为逻辑不是数学的基础，相反，数学是逻辑的基础。他认为数学的意义只在于能行的可构造性，一个不可构造的思想元素不是数学的研究对象。数学是一种对于个人心灵与灵感对象的数字体现，数学的思想与直觉概念存在于心灵之中。他反对逻辑主义，认为逻辑主义实无穷的概念是导致罗素悖论的元凶。直觉主义者坚信数学是人类思想的纯粹创造，而康托尔提出的无限是不存在的。庞加莱曾说过："人类的后代会将集合论视为一种我们已经从中痊愈的疾病。"庞加莱主张数学知识来源于人的直觉，数学的确定性仅限于有穷论证的严格界限内，康托尔的集合论所包含的仅仅是矛盾和无意义的概念。集合论悖论已表明康托尔集合论是侵害数学机体的传染病毒，主张将康托尔的全部理论从可靠的有穷数学中断然排除。克罗内克认为："上帝创造了自然数，其余都是人造的"。他称康托尔为科学骗子，甚至拼命阻止康托尔从事其理想的工作。

直觉主义拒绝承认实无穷的抽象概念，它不把像所有自然数的集合或任意有理数的序列这样的无穷当作实体来考虑。这要求将集合论和微积分的基础分别重新构造为构造主义集合论和构造主义分析。直觉主义十分彻底地采纳了潜无穷论者的观点。他们认为，无穷不是个整体或完成的状态，而是一种潜在能力或不断生成的状态。不可以把自然数集看成一个集合，而是要把它看成不断延伸，不断自我生成且永无止境的数列。德国数学家外尔明确指出："根据布劳威尔的见解再来看看历史，可以知道古典逻辑是从有穷集及其子集的数学中抽象出来的。后来人们忘记了这个有限的来源，误把逻辑当作高于一切数学的东西，最后又毫无根据地把它应用到无穷集的数学上去。""布劳威尔明确了这一点，即没有任何证据能够证明所有自然数的整体的存在性。自然数能够通过不断地达到下一个数而超越任何一个已经达到的界限，从而也就开辟了通向无限的可能性。它永远停留在创造生成的状态中，而绝不是一个存在于自身之中之事物的封闭领域。"

直觉主义认为，逻辑不是发现真理的绝对可靠的工具。直觉先于任何逻辑、规则，或者原理，后者不过是一种检验直觉合理性的工具，本身不具备发现任何真理的价值。直觉主义是数学结构主义的一种类型。直觉主义者拒斥经典逻辑中的排中律，也不承认反证法。在真正的数学证明中不能使用排中律，因为排中律和其他经典逻辑规律是从有穷集抽象出来的规律，因此不能无限制地使用到无穷集上去。任何数学对象被视为思维构造的产物，所以一个对象的存在性等价于它的构造的可能性。直觉主义坚持构造的思想，认为证明的唯一途径在于构造。直觉主义把数学命题的正确性和它可以被证明等同起来。如果数学对象纯粹是精神上的构造，还有什么其他法则可以用于检验真实性呢？直觉主义者对数学命题含义的理解与古典的数学家不同。根据古典的方法，一个实体的存在可以通过否定它的不存在来证明。对直觉主义者来说，这是不正确的，即不存在的否定不表示可能找到存在的构造证明。例如，说到 A 或 B，对于一个直觉主义者，是宣称 A 或 B 可以被证明，而非两者之一为真。只允许 A 或非 A 的排中律，在直觉主义逻辑中是不被允许的，因为不能假设人们总是能够证明命题 A 或它的否定命题。

直觉主义对 20 世纪数学的发展产生了很大的影响。直觉主义是一种心理主义的回归，它排斥在静态的刻板的层面上研究数学与逻辑。它热情赞扬直觉与创造在逻辑学科的正当性，是一种人文主义的回归。直觉主义谴责把逻辑作为真的来源。直觉主义数学是内在的建筑学，而数学基础的研究是内在的查问。由于哥德尔的努力，许多数学家开始重视直觉主义。直觉主义者通过唤醒人们内心所确认的约束意识来寻求数学真理。直觉主义认为数学应当通过纯粹的人类心智上构造活动而获得，而不是依靠发现声称客观存在的基本原则。逻辑和数学不应当被视为揭示和分析客观实在的活动，而是实现构造复杂心智对象内在的一致的方法。对于直觉主义的批评者大多诟病其对于"构造"概念的模糊解释和对于排中律、反证法等日常直观拒斥所带来的应用狭窄。排中律是一个基本的逻辑定律，也是一个常用的数学技巧，是指每一个数学命题要么对要么错，没有其他可能性。布劳威尔并不认同这个观点，他坚持认为第三种情况是存在的。直觉主义反对古典逻辑，从而需要把整个逻辑及数学全盘改造。直觉主义数学对于非构造性数学和传统逻辑的完全排斥并不科学，对实无限性概念的完全排斥也不符合科学认识论的原则。直觉主义遭到多数数学家的反对，因此其数学改造运动进展极慢，而且也难以成功。

11.3　形式主义的基本思想及其评论

形式主义学派的先驱和代表人物希尔伯特是一位活跃的传奇人物，他几乎涉足所有的数学领域。希尔伯特横跨两个世纪 60 年的研究生涯，把他的思想渗透进了整个现代数学。希尔伯特是哥廷根数学学派的核心，他的个人品质吸引了来自世界各地的年轻学者，使哥廷根的传统在世界产生影响。希尔伯特对几何和数学基础研究的影响最为深远，其纲领促使了可计算理论的发展。希尔伯特去世后，德国《自然》杂志发表过这样的观点："现在世界上难得有一位数学家的工作不是以某种途径导源于希尔伯特的工作。他像数学界的亚历山大，在整个数学版图上留下了他那显赫的名字。"

　　形式主义数学思想形成的一个重要原因是将数学的抽象化推向舍弃任何具象内容的形式公理化的高度。一个数学系统可以称为公理化的系统，是指选取尽可能少的未加定义的原始概念，以彼此关联且制约的若干规定为出发点，通过逻辑推理使得数学系统变成一个纯演绎系统。这样，数学对象的具体内容就被完全舍弃掉了，只剩下形式的外壳。希尔伯特主张把数学表示为形式化的系统，他的划时代著作《几何学基础》是现代公理化数学的起源。

　　欧几里得的《几何原本》为几何学打下基础，但随着数学不断的发展，数学家发现《几何原本》的不完备之处。例如：点是没有部分的，什么是部分？直线是它上面的点一样的平放着的线，什么叫平放？最受争议的是第五公设（即平行公设）。这些问题困扰了数学家多年，他们希望可将《几何原本》的定义、公设和公理加以改善。但几何学有坚实的基础，且有不少互相关联的分支，如双曲几何、球面几何、射影几何等。数学家必须提供一整套关于概念、公理、定理的严密系统，不是只考虑个别的公理或定义。希尔伯特所著的《几何学基础》便是集大成之作。1899 年，《几何学基础》第一版出版。这本书来自哥廷根大学 1898—1899 年冬季班中有关欧氏几何课程的教材。译者 E. J. Townsend 曾指出本书的 5 个特点：公设系统的相互独立性与相容性，借助于新几何系统加以引进；欧氏几何最重要的命题，在本书中加以演示；引进全等公设以成为几何位移定义的基础；在欧氏几何的发展中，许多最重要的公设和定理的意义被清楚地展现；线段的好几种代数以符合算术律的方式被引进。

　　希尔伯特对欧几里得几何及有关几何的公理系统进行了深入研究。他不仅对欧几里得几何提供了完善的公理体系，还给出证明一个公理对别的公理独立性以及一个公理体系确实完备的普遍原则。他把几何进一步公理化，首先叙述了一些不加定义的基本概念。假设有 3 组不同的对象，分别叫点、直线和平面，统称为几何元素。它们之间的关系须满足一定的公理要求，称这些几何元素的集合为几何空间。不同的几何便是满足不同公理要求的几何元素的集合。与欧几里得的实质公理学不同，希尔伯特对点、线、面等基本概念不给予任何解释，其意义仅仅存在于其满足的公理及其结构之中。把几何里那些与感性的感觉有关的东西去掉，只保留抽象的逻辑框架，以扩大几何命题的范围。他把欧几里得几何化为具有 20 条公理体系，这些公理满足公理体系的 3 个基本要求，即相容性、独立性和完备性。如果把这 5 组的公理稍作增减，便得出其他不同的几何空间。例如，把平行公理中的欧几里得平行公理换为罗巴切夫斯基平行公理，那便把欧几里得空间换为罗巴切夫斯基空间。希尔伯特的《几何学基础》把几何学引进了一个更抽象的公理化系统。他把几何重新定义，把几何学从一种具体的特定模型上升为抽象的普遍理论。

　　形式主义数学思想形成的另一个重要原因是克服了集合论悖论。集合论诞生之后，很快成为建构任何可能的数学对象及关系的平台。在集合论的基础上，抽象代数学、拓扑学、泛函分析与测度论诞生了，数理逻辑也成为数学有机体的一部分。集合论悖论却困扰着数学家们。面对数学基础危机，形式主义者主张用形式公理化系统去整合整个古典数学。他们认为，通过康托尔的集合论，数学可以建立在绝对安全的逻辑基础上。希尔伯特认为康托尔的工作非常出色，而且他坚信，基于集合论的数学证明更正式与严谨，可以解决之前数学领域所遗留的所有问题。大多数其他数学家也同意他的观点。希尔伯特称：

"没有人可以将我们从康托尔所创造的天堂中驱逐出来。"希尔伯特的计划是在把古典算术充分地加以形式化分析的同时，力求回避悖论。

一个数学系统的形式化就是把这个数学系统用形式语言进行描述，而这一形式语言需要满足符号系统、形成规则和变形规则等几个条件。希尔伯特纲领的主要目标是将古典数学表示为形式化的公理体系，然后证明其相容性。他希望可以解决完备性问题，以便在结构上对数学知识的本质赋予意义。形式主义强调符号和推导规则的万能，一切事物都在这套体系之中。形式主义强调不需要智慧的意义的介入，对过程和结果的解释与过程和结果是独立的，他们希望自动完成和自我完备，并且没有自我矛盾。哥德尔察觉到所有的数学的陈述都是一组字串有序地离散排列，而这些字串又是有限多个，于是用自然数一一对应。透过这些自然数的算术运作，得到唯一的自然数，或许观察这一个简单的自然数便能了解到陈述中的含义。哥德尔希望使用逻辑和数学来回答有关逻辑和数学系统的问题。他采用了数学系统的所有基本符号，并给每个符号指定一个唯一的数字，也就是所谓的"哥德尔数"。

20 世纪初，哥德尔证明了算术逻辑系统的不完备性定理，即使把初等数论形式化之后，在这个形式的演绎系统中总可以找出一个合理的命题来，在该系统中既无法证明它为真，也无法证明它为假。古今中外的数学工作者，用他们世代相传对于证明的标准和坚持，合力编撰了一本辞典。他们定义自己的名词、动词、连接词、形容词和副词，然后利用这些经过定义的词汇，写出一条又一条正确的或者错误的或者无法判定正确或错误的叙述句。这本辞典里的大多数名词，譬如点、直线、平面、圆、球、概率、无理数，在物质世界里根本没有对应的实例。数学的真实性，除了正整数以外，通常也都没有物质世界的对应。数学上的结论并非真理，它最多只保证了在此语言系统之内的正确性，还要再将语言对应回现实，才能考核它的实际意义。譬如苹果和梨当然都不是球形，星星、月亮和地球，也都不是数学所谓的球。在现实世界里平面和直线，并不存在。只要自然科学或社会科学的工作者，认为他所面临需要探究的对象可以被视为球，那么数学辞典里所有关于球的句子都可以带来推论的威力。哥德尔的不完备性定理显示，真理和可证明性根本不是同一件事。这一著名结果发表在他 1931 年的论文中。根据哥德尔的两个不完备性定理，我们所能期望的最好结果不是一个一致但不完整的数学系统，而是一个无法证明自身的一致性，因此未来可能出现许多矛盾的数学系统。另外，哥德尔还致力于连续统假设的研究，1940 年他证明了广义连续统假设的相容性定理。他的工作对公理集合论有重要影响，而且直接导致了集合和序数上递归论的产生。任何可以进行基础运算的数学系统中，都存在无法被证明的正确观点。围绕"可知"与"不可知"的数学特性，1931 年哥德尔提出的不完备性定理掀起了数学领域的革命。图 11-5 所示的英国著名数学家和逻辑学家阿兰·麦席森·图灵（Alan Mathison Turing，1912—1954）在第二次世界大战期间也提出图灵机的概念，发现没有一种算法能够确定一个陈述是否可以从公理中推导出来。这些都直接反驳了希尔伯特关于数学完整性、一致性与可判定性三大问题。

图 11-5   阿兰·麦席森·图灵

 拓展性习题

1. 简述布劳威尔数学哲学思想。
2. 试述希尔伯特形式主义的形成与发展。

主要参考文献

[1] 程民治. 从物理学看数学美 [J]. 自然辩证法研究, 1995, 12: 23.

[2] 黄秦安. 数学哲学新论: 超越现代性的发展 [M]. 北京: 商务印书馆, 2014.

[3] [美] 莫里斯·克莱因. 古今数学思想·第一册 [M]. 张理京, 张锦炎, 译. 上海: 上海科学技术出版社, 2014.

[4] [美] 莫里斯·克莱因. 古今数学思想·第二册 [M]. 石生明, 万伟勋, 译. 上海: 上海科学技术出版社, 2014.

[5] [美] 莫里斯·克莱因. 古今数学思想·第三册 [M]. 邓东皋, 张恭庆, 译. 上海: 上海科学技术出版社, 2014.

[6] 龚昇. 微积分杂谈 [M]. 北京: 科学技术文献出版社, 2002.

[7] 龚昇. 微积分五讲 [M]. 北京: 科学出版社, 2004.

[8] 龚昇. 线性代数五讲 [M]. 北京: 科学出版社, 2004.

[9] 蔡天新. 数学简史 [M]. 北京: 中信出版社, 2017.

[10] 黄秦安, 曹一鸣. 数学教育哲学 [M]. 2版. 北京: 北京师范大学出版社, 2019.

[11] 大连理工大学应用数学系. 大学数学文化 [M]. 大连: 大连理工大学出版社, 2008.

[12] 罗宾逊. 非标准分析 [M]. 申又枨, 王世强, 张锦文, 译. 北京: 科学出版社, 1980.

[13] [美] 莫里斯·克莱因. 西方文化中的数学 [M]. 张祖贵, 译. 上海: 复旦大学出版社, 2005.

[14] [美] 莫里斯·克莱因. 数学: 确定性的丧失 [M]. 李宏魁, 译. 长沙: 湖南科学技术出版社, 1997.

[15] 黄秦安. 数学哲学与数学文化 [M]. 西安: 陕西师范大学出版社, 1999.

[16] 代钦. 儒家思想与中国传统数学 [M]. 北京: 商务印书馆, 2003.

[17] 郑毓信, 王宪昌, 蔡仲. 数学文化学 [M]. 成都: 四川教育出版社, 2000.

[18] 邓东皋, 孙小礼, 张祖贵. 数学与文化 [M]. 北京: 北京大学出版社, 1990.

[19] 齐民友. 数学与文化 [M]. 大连: 大连理工大学出版社, 2008.

[20] 王宪昌, 刘鹏飞, 耿鑫彪. 数学文化概论 [M]. 北京: 科学出版社, 2010.

[21] 郑毓信. 问题解决与数学教育 [M]. 南京: 江苏教育出版社, 1994.

[22] [英] 伊姆雷·拉卡托斯. 证明与反驳: 数学发现的逻辑 [M]. 方刚, 兰钊, 译. 上海: 复旦大学出版社, 2007.

[23] [美] 保罗·贝纳塞拉夫, 希拉里·普特南. 数学哲学 [M]. 朱水林, 译. 北京:

商务印书馆，2003.

[24] 林夏水. 数学哲学译文集 [C]. 北京：知识出版社，1986.

[25] 马知恩，王绵森. 高等数学疑难问题选讲 [M]. 北京：高等教育出版社，2019.

[26] 蒲和平. 线性代数疑难问题选讲 [M]. 北京：高等教育出版社，2020.

[27] [英] 卡普尔. 数学家谈数学本质 [M]. 王庆人，译. 北京：北京大学出版社，1989.

[28] [英] 维特根斯坦. 数学基础研究 [M]. 韩林合，译. 北京：商务印书馆，2013.

[29] 蔡天新. 数学传奇：那些难以企及的人物 [M]. 北京：商务印书馆，2016.

[30] 谷超豪，李大潜. 数学物理方程 [M]. 北京：高等教育出版社，2002.

[31] 姜礼尚，孔德兴. 应用偏微分方程 [M]. 北京：高等教育出版社，2008.

[32] 蔡聪明. 微积分的历史步道 [M]. 台北：三民书局，2006.

[33] [美] 阿尔伯特·爱因斯坦. 我的世界观 [M]. 方在庆，译. 北京：中信出版集团，2018.

[34] [美] 阿尔伯特·爱因斯坦. 相对论 [M]. 曹天华，译. 北京：新世界出版社，2014.

[35] [美] 阿尔伯特·爱因斯坦. 狭义与广义相对论浅说 [M]. 杨润殷，译. 北京：北京大学出版社，2006.

[36] [美] 阿尔伯特·爱因斯坦. 我的思想与观念：爱因斯坦自选集 [M]. 张卜天，译. 天津：天津人民出版社，2020.

[37] [英] 斯蒂芬·威廉·霍金. 时间简史 [M]. 许明贤，吴忠超，译. 长沙：湖南科学技术出版社，2010.

[38] [英] 斯蒂芬·威廉·霍金. 宇宙简史：起源与归宿 [M]. 赵君亮，译. 南京：译林出版社，2012.

[39] [美] 凯蒂·弗格森. 霍金传：我的宇宙 [M]. 张旭，译. 北京：北京联合出版公司，2020.

[40] [英] 斯蒂芬·威廉·霍金. 果壳中的宇宙 [M]. 吴忠超，译. 长沙：湖南科学技术出版社，2006.

[41] 郑毓信. 科学哲学十讲：大师的智慧与启迪 [M]. 南京：译林出版社，2013.

[42] 郑毓信. 数学方法论入门 [M]. 杭州：浙江教育出版社，2006.

[43] 郑毓信. 数学哲学与数学教育哲学 [M]. 南京：江苏教育出版社，2007.

[44] [美] 道本. 康托尔的无穷的数学和哲学 [M]. 郑毓信，刘晓力，译. 大连：大连理工大学出版社，2008.

[45] 郑毓信. 数学方法论的理论与实践 [M]. 南宁：广西教育出版社，2009.

[46] 郑毓信. 数学教育哲学的理论与实践 [M]. 南宁：广西教育出版社，2008.

[47] 徐利治，郑毓信. 关系映射反演原则及应用 [M]. 南宁：广西教育出版社，2008.

[48] [加] 马里奥·本格. 科学的唯物主义 [M]. 张相轮，郑毓信，译. 上海：上海译文出版社，1989.

[49] 徐利治. 数学方法论十二讲 [M]. 大连：大连理工大学出版社，2007.

[50] 徐利治. 微积分大意 [M]. 大连：大连理工大学出版社，2007.

[51] 徐利治. 论无限 [M]. 大连：大连理工大学出版社，2008.

[52] 徐利治，王前. 数学与思维 [M]. 大连：大连理工大学出版社，2016.

[53] 代钦，松宫哲夫. 数学教育史 [M]. 北京：北京师范大学出版社，2011.

［54］［德］希尔伯特. 希尔伯特几何基础［M］. 江泽涵，朱鼎勋，译. 北京：北京大学出版社，2009.

［55］［美］康斯坦丝·瑞德. 希尔伯特：数学界的亚历山大［M］. 袁向东，李文林，译. 上海：上海科学技术出版社，2018.

［56］胡久稔. 希尔伯特第十问题［M］. 哈尔滨：哈尔滨工业大学出版社，2016.

［57］［德］希尔伯特. 数学问题［M］. 李文林，袁向东，译. 大连：大连理工大学出版社，2014.

［58］卢昌海. 黎曼猜想漫谈：一场攀登数学高峰的天才盛宴［M］. 北京：清华大学出版社，2016.

［59］［法］布尔巴基. 数学的建筑［M］. 胡作玄，译. 大连：大连理工大学出版社，2014.

［60］［法］莫里斯·马夏尔. 布尔巴基：数学家的秘密社团［M］. 胡作玄，王献芬，译. 长沙：湖南科学技术出版社，2012.

［61］胡作玄. 布尔巴基学派的兴衰：现代数学发展的一条主线［M］. 北京：知识出版社，1984.

［62］［美］G. 波利亚. 怎样解题：数学思维的新方法［M］. 涂泓，冯承天，译. 上海：上海科技教育出版社，2018.

［63］［美］G. 波利亚. 数学的发现：对解题的理解、研究和讲授［M］. 刘景麟，曹之江，邹清莲，译. 北京：科学出版社，2018.

［64］［美］G. 波利亚. 数学与猜想——数学中的归纳与类比（第一卷）［M］. 李心灿，王日爽，译. 北京：科学出版社，2016.

［65］［美］G. 波利亚. 数学与猜想——合理推理模式（第二卷）［M］. 李志尧，王日爽，译. 北京：科学出版社，2015.

［66］胡作玄. 数学与社会［M］. 大连：大连理工大学出版社，2016.

［67］李文林. 数学史概论［M］. 2 版. 北京：高等教育出版社，2008.

［68］［英］卡尔·波普尔. 开放的宇宙［M］. 李本正，译. 杭州：中国美术学院出版社，1999.

［69］［美］冯·诺依曼. 数学在科学和社会中的作用［M］. 程钊编，译. 大连：大连理工大学出版社，2009.

［70］王有文. 高等数学学习论［M］. 北京：中央民族大学出版社，2016.

［71］邱森. 高等数学探究性课题精编［M］. 武汉：武汉大学出版社，2016.

［72］陈兆斗，黄光东. 大学生数学竞赛习题精讲［M］. 2 版. 北京：清华大学出版社，2016.

［73］张光远. 近现代数学发展概论［M］. 重庆：重庆出版社，1991.

［74］张维忠. 数学文化与数学课程［M］. 上海：教育出版社，1999.

［75］张维忠. 文化视野中的数学与数学教育［M］. 北京：人民教育出版社，2005.

［76］［英］伊姆雷·拉卡托斯. 证明与反驳［M］. 康宏逵，译. 上海：上海译文出版社，1987.

［77］［美］克利福德·格尔茨. 文化的解释［M］. 林夏水，韩莉，译. 南京：译林出版社，2017.

［78］［奥］路德维希·维特根斯坦. 文化和价值［M］. 黄正东，唐少杰，译. 南京：译林出版社，2017.

［79］［英］卡尔·波普尔. 猜想与反驳——科学知识的增长［M］. 傅季重，纪树立，译. 上海：上海译文出版社，1986.

［80］［美］布鲁纳. 教育过程［M］. 上海师范大学外国教育研究室，译. 上海：上海人民出版社，1973.

［81］［美］罗伯特. 理解文化：人类学和社会理论视角［M］. 何国强，译. 北京：北京大学出版社，2005.

［82］［德］康德. 纯粹理性批判［M］. 邓晓芒，译. 北京：人民出版社，2004.

［83］包向飞. 康德的数学哲学［M］. 武汉：武汉大学出版社，2013.

［84］易南轩. 数学美拾趣［M］. 北京：科学出版社，2015.

［85］张丽娟. 基于翻转课堂教学模式将数学文化融入大学数学教学的研究与实践［J］. 经济师，2016，12：225-227.

［86］汪晓银，陈颖. 数学建模方法入门及其应用［M］. 北京：科学出版社，2018.

［87］朱娅梅. 义务教育阶段学生数学建模能力评价框架和行为测评指标［J］. 数学教育学报，2018，27（3）：93-96.

［88］焦云芳. 数学建模入门［M］. 北京：冶金工业出版社，2012.

［89］王期千，刘深泉. 数学建模思路简析——美国数学建模竞赛试题讨论［M］. 广州：广东科技出版社，2012.

［90］司守奎，孙玺菁. 数学建模算法与应用［M］. 北京：国防工业出版社，2019.

［91］姜启源，谢金星，叶俊. 数学模型［M］. 5版. 北京：高等教育出版社，2018.

［92］张奠宙，柴俊. 大学数学教学概说［M］. 北京：高等教育出版社，2015.

［93］［美］R. 柯朗，H. 罗宾. 什么是数学：对思想和方法的基本研究［M］. 左平，张饴慈，译. 上海：复旦大学出版社，2015.

［94］邓友超. 教育解释学［M］. 北京：教育科学出版社，2014.

［95］史宁中. 数学思想概论·图形与图形关系的抽象［M］. 长春：东北师范大学出版社，2009.

［96］黄秦安. 从数学文化、数学文化教育到数学课堂文化（下）［J］. 湖南教育，2014.

［97］李玲. 数学史融入数列教学的行动研究［D］. 上海：华东师范大学，2016.

［98］［荷］弗赖登塔尔. 作为教育任务的数学［M］. 陈昌平，唐瑞芬，译. 上海：上海教育出版社，1995.

［99］［德］马丁·海德格尔. 海德格尔选集［M］. 孙周兴，译. 上海：上海三联书店，1996.

［100］［英］欧内斯特. 数学教育哲学［M］. 齐建华，张松枝，译. 上海：上海教育出版社，1998.

［101］李奕娜，刘同舫. 工具与文化之间的数学品格——模式观的数学本体论下对数学意义的探索［J］. 自然辩证法通讯，2013.

［102］林健. 新工科建设：强势打造"卓越计划"升级版［J］. 高等工程教育研究，2017.

［103］李培根. 工科之"新"的文化高度（一）——浅谈工程与技术本身的文化要素

［J］. 高等工程教育研究，2018：1-4.

［104］王义遒. 新工科建设的文化视角［J］. 高等工程教育研究，2018.

［105］李培根. 重塑工程教育文化——工科之"新"的文化高度（二）［J］. 高等工程教育研究，2018：1-5.

［106］王录梅. "卓越计划"实施中反思性课堂文化的建构［J］. 教学与管理，2014：28-30.

［107］［美］FINNEY，WEIR，GIORDANO. 托马斯微积分［M］. 叶其孝，王耀东，译. 北京：高等教育出版社，2003.

［108］李宏亮. 课堂教学中的"文化衰落"及其矫正——以思想政治课教学为例［J］. 中国教育学刊，2017：62-66.

［109］叶峰. 二十世纪数学哲学：一个自然主义者的评述［M］. 北京：北京大学出版社，2010.

［110］叶峰. 从数学哲学到物理主义［M］. 北京：华夏出版社，2016.

［111］徐乃楠，刘鹏飞，王宪昌. 中国数学文化发展与数学文化学构建［J］. 数学教育学报，2011，20（02）：4-9.

［112］郑毓信. 数学文化学：数学哲学、数学史和数学教育现代研究的共同热点［J］. 科学技术与辩证法，1999（01）：51-54.

［113］黄秦安. 开拓数学文化学研究的一部力作——读郑毓信教授著《数学文化学》［J］. 数学教育学报，2001（02）：71.

［114］刘晓力. 数学透视的文化纬度——评《数学文化学》［J］. 自然辩证法研究，2002（03）：77-82.

［115］［德］狄拉克. 广义相对论（英文版）［M］. 北京：世界图书出版公司，2011.

［116］张奠宙，王善平. 陈省身传［M］. 天津：南开大学出版社，2004.

［117］［法］彭加勒. 科学与假设［M］. 李醒民，译. 北京：商务印书馆，2006.

［118］［美］沃尔特·艾萨克森. 爱因斯坦传［M］. 张卜天，译. 长沙：湖南科学技术出版社，2015.

［119］［美］E. T. 贝尔. 数学大师：从芝诺到庞加莱［M］. 徐源，译. 上海：上海科技教育出版社，2004.

［120］COBB P，YACKEL E. A constructivist perspective on the culture of the mathematics classroom［J］. The culture of the mathematics classroom，1998：158-190.

［121］DEPAEPE F，DE CORTE E，VERSCHAFFEL L. Unraveling the culture of the mathematics classroom：A videobased study in sixth grade［J］. International Journal of Educational Research，2007，46：266-279.

［122］NICKSON M. The culture of the mathematics classroom：an unknown quantity？［J］. Handbook of research on mathematics teaching and learning，Macmillan，1992：102.

［123］WOOD T，WILLIAMS G，MCNEAL B. Children's mathematical thinking in different classroom cultures［J］. Journal for Research in Mathematics Education，2006，37（3）：222-255.

［124］COBB P，BAUERSFELD H. The coordination of psychological and sociological perspectives in mathematics education［J］. The emergence of mathematical meaning：

Interaction in classroom cultures. Hillsdale, NJ: Lawrence Erlbaum Associates, 1995: 1-6.

[125] LAVE J. Cognition in Practice: Mind, mathematics, and culture in everyday life [M]. Cambrige, UK: Cambrige University Press, 1988.

[126] DIETZ J. Creating a culture of inquiry in mathematics programs [J]. Primus: Problems, Resources, and Issues in Mathematics Undergraduate Studies, 2013, 23 (9): 837-859.

[127] HODGE L, COBB P. Two views of culture and their implications for mathematics teaching and learning [J]. Urban education, 2016: 1-25.

[128] LOZANO D. Investigating task design, classroom culture, and mathematics learning: An enactivist approach [J]. ZDM Mathematics Education, 2017, 49: 895-907.

[129] ALPASLAN S. A practice-based model of STEM teaching [M]. Houston: Sense publishers, 2015.

[130] HARTIMO M H. From geometry to phenomenology [J]. Synthese, 2008, 162: 225-233.

[131] WEBER, KEITH. Beyond proving and explaining: Proofs that justify the use of definitions and axiomatic structures and proofs that illustrate technique [J]. For the Learning of Mathematics, 2002, 22 (3): 14-17.

[132] LAKOFF G, NÚÑEZ R. Where mathematics comes from: How the embodied mind brings mathematics into being [M]. New York, NY: Basic Books, 2000: 1-11.

[133] SHANKER S. Wittgenstein and the turning-point in the philosophy of mathematics [M]. London: Croom Helm Ltd, 1987.

[134] WHITEHEAD, ALFRED N. Religion in the making [M]. New York: The Macmillan Company, 1960.

[135] ERNEST P. Forms of knowledge in mathematics and mathematics education: Philosophical and rhetorical perspectives [J]. Educational Studies in Mathematics, 1999, 38: 67-83.

[136] DORIER J L. On the teaching of linear algebra [M]. Kluwer Academic Publishers, 2002.

[137] ERNEST P. Social constructivism as a philosophy of mathematics [M]. Albany NY: SUNY Press, 1998.

[138] HARTSHOME C. Whitehead's philosophy: selected essays [M]. New York: Free Press, 1970.

[139] FOSTER J. Nightingale, A Short Course in General Relativity [M]. Springer-Verlag, N. Y. Inc, 1995.

[140] MICHELE G, DAVID B. Classroom culture, mathematics culture, and the failures of reform: The need for a collective view of culture [J]. Teachers College Record, 2012: 114.